高等院校技术基础课系列教材

电工与电子实训教程

殷志坚　王丽华　彭健飞　主编

华中科技大学出版社
中国·武汉

内 容 简 介

本书是根据教育部对电工与电子技术课程的基本要求而编写的，可作为电工原理、模拟电路和数字电路课程的配套实验教材。

全书分四章，包括电工原理、模拟电路和数字电路的基础实验和设计性实验，共51个。主要介绍电工和电子技术中的基本实验内容和测试方法，以及常用电工和电子实验仪器的使用，内容由浅入深。同时，本书安排了设计性实验，有利于培养学生的实践动手能力，提高学生分析问题和解决问题的水平。

本书可作为高等学校电气类、电子信息类及相关专业的电工电子实验教材，也可供相关专科院校和电工电子技术行业的工程技术人员使用。

前　言

电工与电子技术课程是一门实践性很强的基础课程。随着电子技术日新月异的发展，按照高等学校电工与电子技术课程教学的基本要求，以及适应新世纪高等学校培养人才的要求，为了增强学生基本实验技能、培养学生的动手能力，我们在总结多年高校实验经验的基础上，编写了这本实验教材。该教材适用于高等学校电气类、电子信息类及其相关专业的电工电子实验教学，也可供相关的专科院校和从事电工电子技术的工程技术人员使用。

本书着重介绍电工原理、模拟电路和数字电路课程的基本实验内容和实验方法。每一个实验都以相关的基本理论为基础，提出实验目的、实验原理、实验内容，学生通过预习，对与实验相关的理论进行分析，并通过实验验证理论结果，分析实验中出现的问题，对测试数据进行分析，找出产生误差的原因。在内容编排上：①安排了预习内容和思考题，增强学生独立思考和解决问题的能力；②以实验内容为核心，用实验原理进行阐述，介绍实验方法，使教材自成体系；③以常用实验仪器和设备为基础，通过固定电路板和学生自己搭接电路相结合的方式，使学生既掌握了基本理论，又提高了实践动手能力。

本书分四章，第一章为电工实验；第二章为模拟电路实验；第三章为数字电路实验；第四章为综合性、设计性实验。该书通过51个实验，分别介绍了电工、模拟和数字电路课程中的基本实验和基本测试方法，对常用的电子仪器和电路进行了分析和介绍。

本书由殷志坚（编写第一章、第二章的实验十一至实验十四、第四章）、王丽华（编写第三章、附录）、彭健飞（编写第二章的实验一至实验十）主编。在编写过程中，得到了江西科技师范学院通信电子学院实验中心全体老师的大力支持，在此表示感谢。

由于编者水平有限和编写时间仓促，书中不妥和错误之处在所难免，敬请读者指正。

编　者

2007年8月

目　　录

第一章　电 工 实 验

实验一　电工测量仪表的使用

一、实验目的

① 学习常用机电式电工仪表的工作原理及分类；

② 掌握使用常用电工仪表测量电流、电压、功率及电阻的基本方法。

二、实验原理

随着现代电子技术的不断发展，为了保证生产的顺利进行和用电设备的正常工作，常常需要对各种电磁量进行测量，确定它们的数值，以便更好地控制它们和研究它们之间的内在联系。电工测量就是应用电磁现象的基本规律对电压、电流、电阻和电功率等电磁量进行的测量，测量所使用的工具就是电工仪表。电工测量有很多突出的优点，如：测量仪表精度高、体积小，测量范围广，容易实现遥测、遥控，容易进行连续测量和自动测量等。因此，电工测量在生产和科学研究等各方面都得到广泛应用。电工测量不仅被用于测量电磁量，也常被用于测量非电磁量。

电工仪表按测量方式不同可分为两大类：一类是直读式仪表，能直接指示被测量的大小；另一类是比较式仪表，需将被测量与标准量进行比较才能得知其大小。常用电工测量仪表以直读式机电仪表最为普遍。

机电式直读仪表通常是依据电磁相互作用原理，使仪表指针在电磁作用下产生机械偏转来进行测量。它主要由电磁相互作用机构、与电磁力矩相平衡的反力矩机构、可形成阻尼力矩的阻尼装置和调零装置等部分组成。

1. 直读式机电仪表的分类和符号

仪表的分类方法有多种，主要可从以下几个方面进行分类。

① 按被测量的种类可分为电流表、电压表、功率表、频率表、相位表等（见表 1-1-1）。

② 按作用原理可分为磁电式、电磁式、电动式、整流式等（见表 1-1-2）。

③ 按仪表准确度可分为 0.1、0.2、0.5、1.0、1.5、2.5、4.0 等级。

在仪表的刻度盘上，除标有被测量种类符号和仪表形式符号外，还标有适用电流是直流还是交流、仪表耐压能力、准确度等级等符号，为正确使用本仪表提供条件。

现将仪表上常用的符号及其含义说明如下（见表 1-1-3）。

表 1-1-1　不同种类的测量仪表

被测量种类	仪表名称	符　号
电流	安培表、毫安表、微安表	(A) (mA) (μA)
电压	伏特表、毫伏表	(V) (mV)
电阻	欧姆表	(Ω)
电功率	功率表	(W)
电能量	电度表	(Wh)
功率因数	功率因数表	(cos φ)
频率	赫兹表	(Hz)

表 1-1-2　不同结构的测量仪表

仪表形式	符　号	用　途
磁电式		直流电压、电流、电阻
电磁式		直流及工频交流电压、电流
电动式		直流及交流电压、电流、功率、功率因数
整流式		工频或较高频正弦电压、电流
铁磁电动式		工频电压、电流、功率
感应式		交流电能

表 1-1-3　仪表上的常用符号

表盘上的符号	所代表的意义
—	直流
～	交流
3～	三相交流
↑（或⊥）	垂直放置
→	水平放置
∠30°	与水平成 30°放置
(0.5)	准确度 0.5 级
ϟ 2 kV	绝缘经 2000 V 耐压试验
[Ⅱ] [Ⅲ]	防外磁场等级

2. 几种常见的电工仪表型式的工作原理

(1) 磁电式仪表

磁电式仪表结构如图 1-1-1 所示。

它由一个固定的永久磁铁和一个带有指针及弹簧的活动线圈所组成。当被测电流通过活动线圈时，载流线圈与永久磁铁的磁场相互作用产生转动力矩，带动指针偏转。在指针与其弹簧的反作用力矩达到平衡时，指针停留的位置即被测量的指示值，指针离开平衡位置的偏转角与通过的电流值成正比。

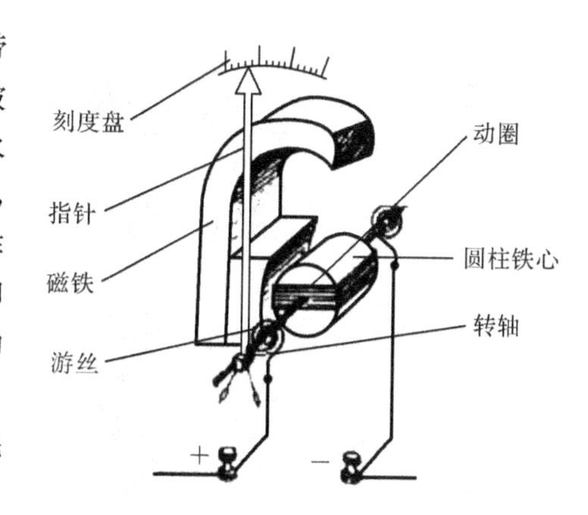

图 1-1-1　磁电式仪表结构

磁电式仪表准确度、灵敏度高，功耗小，表盘刻度均匀，但仪表过载能力差，直接使用时，只能用来测量直流量。

(2) 电磁式仪表

电磁式仪表结构如图 1-1-2 所示。

它由一个内部装有定铁片的固定线圈和安在同一轴上可以转动的指针、弹簧反动铁片组成。当被测电流通过线圈时产生磁场，使动铁片和定铁片同时磁化，并且相靠近部分是同一极性。由于同极相斥，动铁片带动指针偏转，在与弹簧反力矩

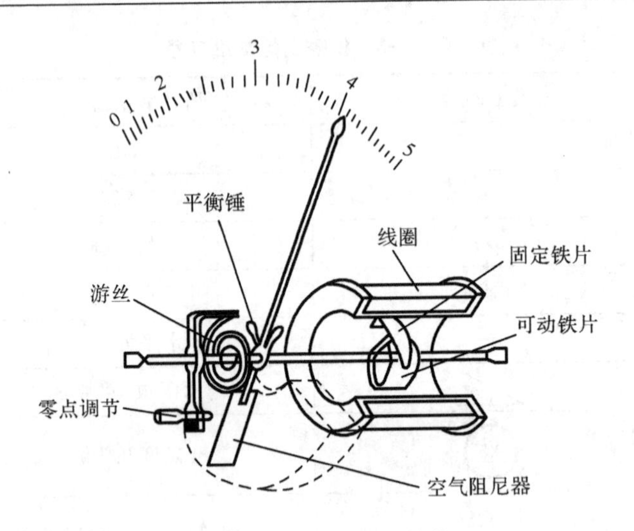

图 1-1-2 电磁式仪表结构

平衡时,指针指示出被测量的值。

电磁式仪表结构简单、过载能力强,交直流量均可测量,但灵敏度和准确度较低,刻度不均匀,本身功耗大。

(3) 电动式仪表

电动式仪表的结构如图 1-1-3 所示。

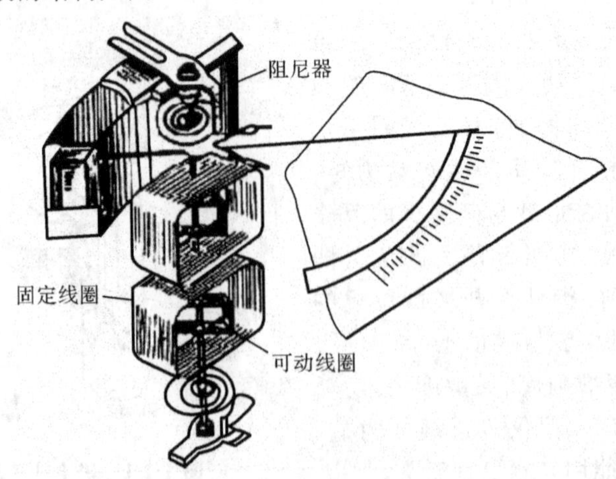

图 1-1-3 电动式仪表结构

它由固定线圈和装在同一轴上可转动的指针、弹簧及活动线圈组成。测量时固定线圈和活动线圈均有电流通过,根据两载流线圈相互作用原理,活动线圈偏转并带动指针偏转,在与弹簧反作用力矩相平衡时,指针指示出被测量的值。

电动式仪表准确度高,交、直流量均可测量,可制成电流表、电压表,也常制成功率表，其缺点是结构较复杂、造价高、功耗大、过载能力差。

3. 电工仪表的准确度等级

准确度等级反映了电工仪表的准确程度。目前我国电工仪表准确度分为七级。等级的划分由仪表的相对额定误差的大小决定。即

$$\beta_H = \frac{\Delta A_m}{A_m} \times 100\%$$

式中：β_H——仪表的相对额定误差；

ΔA_m——仪表的最大绝对误差；

A_m——仪表的最大量程。

一般 0.1 级和 0.2 级仪表常被作为标准仪表使用，0.5～1.5 级仪表为实验室仪表，1.5～5 级作为生产过程的指示仪表。

一般来说，等级高的仪表（0.1 级、0.2 级）比等级低的仪表（2.5 级、5 级）测量结果更准确，但量程的选择对测量结果的准确程度也有很大影响。使用仪表时，选择其量程要使测量值越接近满刻度越好，一般应使指针偏转超过满刻度值的一半。

例　有两只均为 0.1 级的电流表，量程分别为 100 A 和 50 A，现用来测量 40 A的电流，分别求测量结果的最大相对误差。

解　(1) 用 100 A 电流表测量时

$$\Delta A_{m1} = \beta_H \times A_{m1} = \pm 1\% \times 100\ \text{A} = \pm 1\ \text{A}$$

故用此仪表测量 40 A 电流时，最大相对误差为

$$\beta_1 = \frac{\Delta A_{m1}}{A} \times 100\% = \pm \frac{1}{40} \times 100\% = \pm 2.5\%$$

(2) 用 50 A 电流表测量时

$$\Delta A_{m2} = \beta_H \times A_{m2} = \pm 1\% \times 50\ \text{A} = \pm 0.5\ \text{A}$$

故用此仪表测量 40 A 电流时的最大相对误差为

$$\beta_2 = \frac{\Delta A_{m2}}{A} \times 100\% = \pm \frac{0.5}{40} \times 100\% = \pm 1.25\%$$

$\beta_1 > \beta_2$，显然，此种情况用 50 A 电流表测量 40 A 电流是合适的。

4. 电量的测量

(1) 电流的测量

测量电路中的电流值要按被测电流的种类及量值的大小选择合适量程的交流电流表或直流电流表。要将电流表串联在被测电流的电路中，以使被测电流通过电流表，如图 1-1-4 所示。

由于电流表本身内阻很小，切不可将电流表误接在某一有电压的元件两端，以免电流表被烧坏。测量直流电流时还应注意电流表的正、负极性，应使被测电流由电流表的正极流向电流表的负极。

为方便测量电流，一般实验台都配有电流测量插口和插头，使用时将各插口分

别串入各被测电路，将插头两端引线接到电流表两端。测量某电路电流时，只需将插头分别插入各电路插口，即可测出各电路中的电流。

图 1-1-4　电流的测量　　图 1-1-5　电压的测量

(2) 电压的测量

测量电路中的电压值时，可按被测电压的种类和大小来选择合适量限的直流电压表或交流电压表。测量电压时，要将电压表接至 a、b 两点(见图 1-1-5)。

电压表本身内阻很大，不可将电压表串接入某一支路，以免影响整个电路的正常工作。测量直流电压时还应注意电压表的正、负极性，应将电压表的正极接到被测电压的高电位端。

(3) 功率的测量

测量电路功率的功率表一般是电动式仪表。

电动式功率表既可测量直流功率，也可用来测量交流功率(有功功率)。直流电路中的功率可以用测量的直流电流和直流电压的乘积求得，而交流电路中的功率一般要用功率表进行测量。

使用功率表应根据功率表上所注明的电压和电流量限，将电流线圈(固定线圈)串联在被测电路中，将电压线圈(可动线圈)并联在被测电路的两端。为了减少测量误差，对于高阻抗负载，应按图 1-1-6 接线，功率表的电压线圈所反映的电压值包括负载的电压和功率表电流线圈的电压。功率表的读数中除了负载功率之外，还包含仪表本身电流线圈上的功率损耗。对于低阻抗负载，应按图 1-1-7 接线，功率表电流线圈中的电流，包括负载电流和功率表电压线圈中的电流。功率表的读数中除了负载功率之外，还包括仪表本身电压线圈的功率损耗。

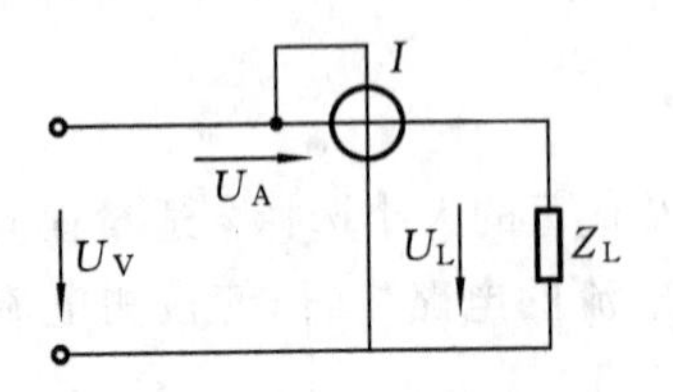

图 1-1-6　高阻抗负载功率测量

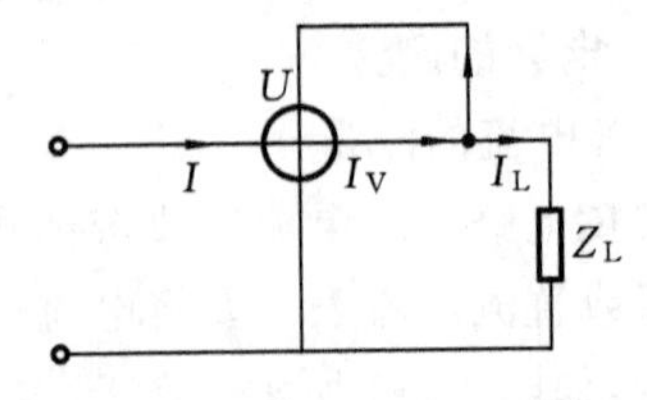

图 1-1-7　低阻抗负载功率测量

一般由功率表本身损耗引起的测量误差是很小的，但在测量小功率和要求精确的测量数值时，选择合适的接线方式是很重要的。

功率表一般有两个电流量限，两个或多个电压量限，以适应测量不同负载功率的需要。表内有两个完全相同的电流线圈(定圈),其接线端分别引出到表面上,可通过金属片将两个电流线圈串联或并联(见图 1-1-8),并联时允许通过的电流值是串联的两倍。电压线圈通过串联不同的附加电阻以扩大电压量限,如图 1-1-9 所示,其中有“ * ”号的为公共端。

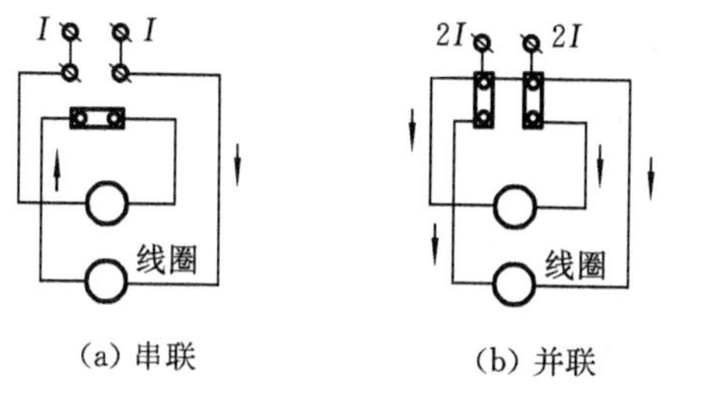

图 1-1-8　电流线圈的连接

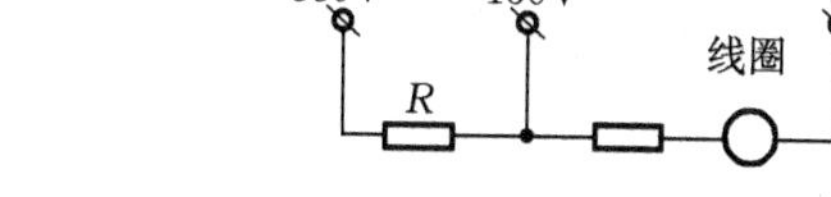

图 1-1-9　电压量限扩展连接

由于功能表是多量限的,所以它的标度尺上只标有分格数,在选用不同电流量限和电压量限时,每一分格代表不同的瓦数。在读数时要注意实际值与指针示数的关系,功率表每格表示的功率数为

$$瓦/格=\frac{U_m I_m}{N_m}$$

式中:U_m——电压线圈的量限值;

I_m——电流线圈的量限值;

N_m——功率表满刻度格数。

被测功率的数值为

$$P=\frac{U_m I_m}{N_m}\times N$$

式中:N——功率表指示格数。

在被测电路功率因数 $\cos\varphi$ 很低时,应选用低功率因数功率表。低功率因数功率表的使用方法与功率表相同。其每格瓦特数为

$$瓦/格=\frac{U_m I_m \cos\varphi_m}{N_m}$$

式中:$\cos\varphi_m$ 表示仪表在满刻度时的额定功率因数,此值标注在表盘面上。

(4) 万用表的使用(电阻的测量)

万用表是一种可以测量直流电压、交流电压、直流电流和电阻等电量的多功能电表。一般万用表有一个转换开关,以选择测量项目和量程;有两个测量端钮,接上表笔以输入被测电量;有一个欧姆零位调节旋钮,用以测量电阻时校准欧姆零位;表头上有表盘指示被测电量的数值。

用万用电表测量交流电压、直流电压、直流电流的方法与电压表、电流表的使用方法相同,使用时只需注意测量项目和量程的选择即可。此处仅介绍用万用表

测量电阻的方法。

用万用表测量电阻时，应将转换开关旋至欧姆挡的某一挡位（如×10 挡、×1k 挡）。在测量电阻之前，应进行调零，即将两支表笔短接（外测电阻为零），调节“Ω零位调节”旋钮，使表头指针对准电阻为零的刻度处。然后把表笔分别接到被测电阻的两端，从“Ω”刻度尺上读取数值，将读数乘以电阻倍率，即可得到被测电阻的值。

测量电阻时还应注意以下几点。

① 测量电阻的每一挡位的范围都是0～∞，但各挡位有不同的欧姆中心值，即指针指在表盘中央位置时所测量的电阻值（亦即此挡万用电表的内阻值）。测量电阻时要选择合适的倍率，应尽量使所选挡位的欧姆中心值接近被测电阻的值，也就是说尽量使指针指在表头中央位置以提高测量精度。

② 被测电阻不能带电，否则容易损坏电表。

③ 测量电路中的电阻时，一定要将其一端从电路断开，以防电路中还并有电阻。

④ 测量电阻时，不要用手同时触及电阻两端，以防将人体电阻并在被测电阻上。

三、实验内容及步骤

① 用交流电压表测试三相交流电源输出端的各线电压和相电压，填入表1-1-4中。

表 1-1-4　电压与相电压的值

项目	UV	VW	WU	UN	VN	WN
电压/V						

② 按图 1-1-10 接线，用交流电压表监视从实验台调压器输出 20 V 和 25 V 交流电压，并接到整流器上，选用直流电压表测量输出的直流电压，并填入表 1-1-5。

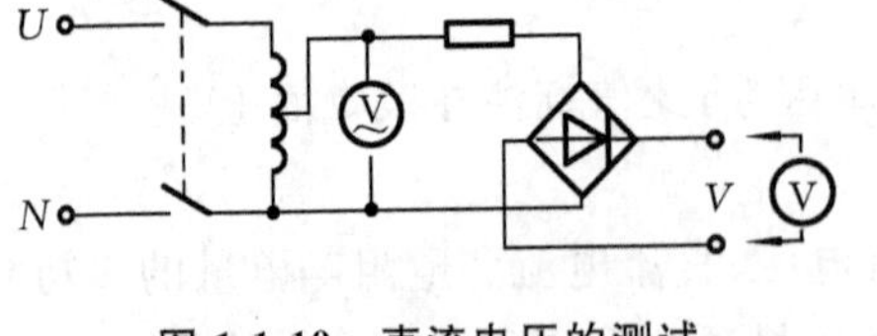

图 1-1-10　直流电压的测试

表 1-1-5　直流电压值

交流输入电压/V	直流输出电压/V
20	
25	

③ 按图 1-1-11 接线，选三相灯泡负载、利用调压器输出 220 V 交流电压，改变每组灯泡数，测量灯泡两端电压，并用交流电流表测量电流 I_1和 I_2。数据记录在表 1-1-6 中。

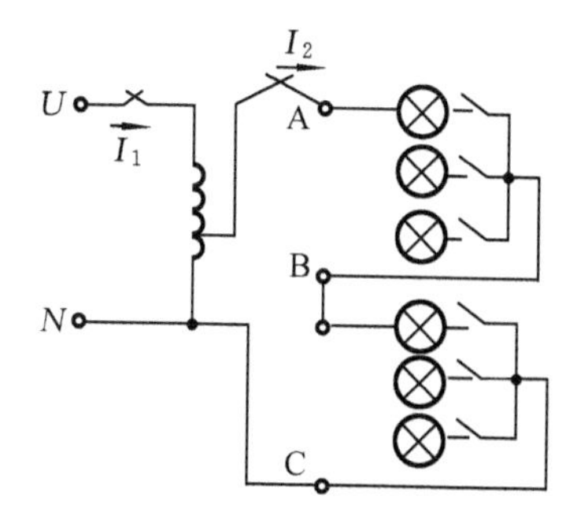

图 1-1-11　交流电压电流测量

表 1-1-6

第一组三盏 第二组一盏		第一组二盏 第二组二盏	
U_{AB}	U_{BC}	U_{AB}	U_{BC}
I_1	I_2	I_1	I_2

④ 按图 1-1-12 接线，测量每个灯泡实际消耗的电功率，并填写表 1-1-7。

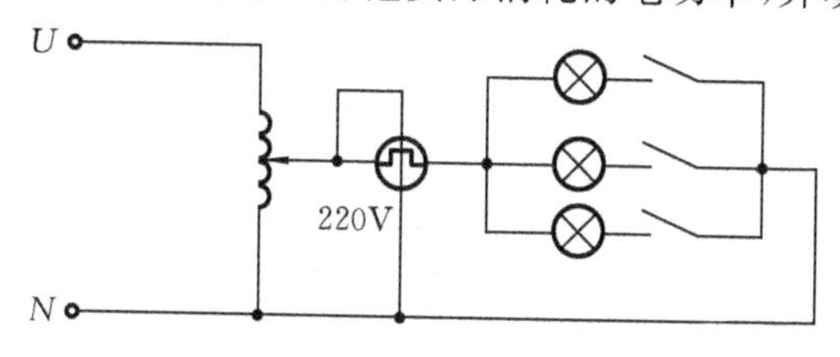

图 1-1-12　功率的测量

表 1-1-7　灯泡实际功率

标示功率/W	60	120	180
实际功率/W			

⑤ 选择欧姆挡中合适倍率，测量动态电路单元板上各电阻的阻值并将数据记录在表 1-1-8 中。

表 1-1-8　动态电路单元板各电阻的值

R_1	R_2	R_3	R_4	R_5

四、实验设备

本实验台电源箱（调压器、整流器），直流电压表（TS-B-06）一只，（TS-B-07）一只，交流电压表（TS-B-08）一只，交流电流表（TS-B-05）、（TS-U-31）各一只，功率表，万用表，三相负载单元板（TS-B-23）一块，电流测量插口单元板（TS-B-22）一块，动态电路单元板（TS-B-27）一块。

五、注意事项

注意：在使用仪表时，要求正确接线和合理选择量程。

六、总结报告

① 写明实验目的、步骤和测量数据。

② 功率表指针出现反向偏转现象的原因是什么?

③ 万用表×1 挡,欧姆中心为 12 Ω,

×100 挡,欧姆中心为 1 200 Ω,

×1 k 挡,欧姆中心为 12 000 Ω,

×10 k 挡,欧姆中心为 120 000 Ω。

a. 测量 1.5 kΩ 电阻时应选用哪一挡? 为什么?

b. 测量 15 kΩ 电阻时,应选用哪一挡? 为什么?

实验二　线性与非线性元件伏安特性的测定

一、实验目的

① 学习直读式仪表和晶体管直流稳压电源等设备的使用方法；
② 掌握线性电阻元件和非线性电阻元件的伏安特性的测定技能；
③ 加深对线性电阻元件、非线性电阻元件伏安特性的理解，验证欧姆定律。

二、实验原理

电阻元件是一种对电流呈现阻力的元件，有阻碍电流流动的性能。电流通过电阻元件时，必然要消耗能量，并沿着电流流动的方向产生电压降，电压降的大小等于电流的大小与电阻的乘积，电压降、电流及电阻的这一关系称为欧姆定律，即

$$U = IR$$

上式的前提条件是电压 U 和电流 I 的参考方向相关联，即参考方向一致。如果参考方向相反，则欧姆定律的形式应为

$$U = -IR$$

电阻上的电压和流过它的电流是并存的，也就是说，任何时刻电阻两端的电压降只由该时刻流过电阻的电流所确定，与该时刻前的电流的大小无关，因此电阻元件又称为“无记忆”元件。

当电阻元件 R 的值不随电压或电流大小的变化而改变时，则电阻 R 两端的电压与流过它的电流成正比。通常把符合这种条件的元件称为线性电阻元件。反之，不符合上述条件的电阻元件被称为非线性电阻元件。

电阻元件的特性除了用电压和电流的方程式表示外，还可以用其电流和电压的关系图来表示，该图称为此元件的伏安特性曲线。线性电阻的伏安特性曲线为一条通过坐标原点的直线，该直线的斜率即为电阻值，它是一个常数，如图1-2-1所示。

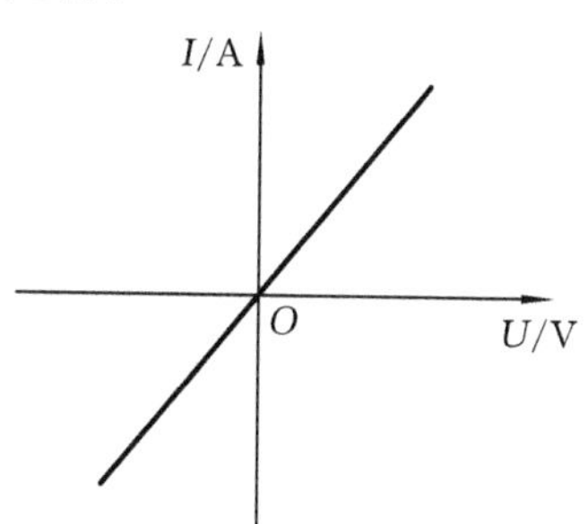

图 1-2-1　线性电阻的伏安特性曲线

半导体二极管是一种非线性电阻元件。它的电阻值随着流过它的电流的大小而变化。半导体二极管的电路符号用⊳|表示，其伏安特

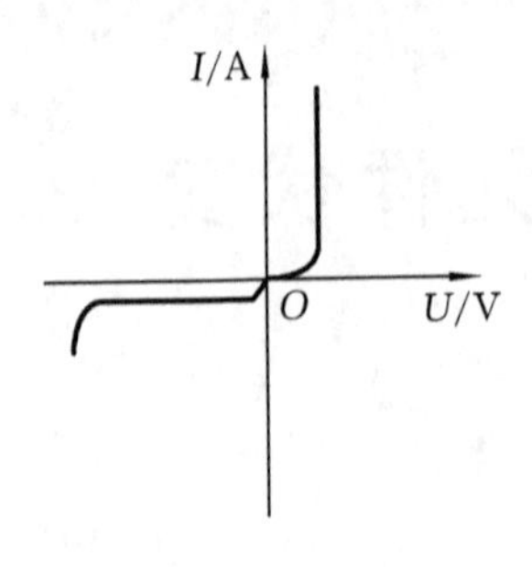

图 1-2-2 半导体二极管的伏安特性曲线

性曲线如图1-2-2所示。由图可见半导体二极管的伏安特性曲线为非对称曲线。

对比图 1-2-1 和图 1-2-2 可以发现，线性电阻的伏安特性曲线对称于坐标原点，这种性质称为双向性，为所有线性电阻元件所具备。半导体二极管的伏安特性曲线不但是非线性的，而且对于坐标原点来说是非对称性的，又称为非双向性，这种性质为多数非线性电阻元件所具备。半导体二极管的电阻随着其端电压的大小和极性的不同而不同，当外加电压的极性和二极管的极性相同时，其电阻值很小；反之二极管的电阻很大。半导体二极管的这一性能称为单向导电性，利用单向导电性可以把交流电变换成为直流电。

三、实验内容及步骤

1. 测定线性电阻的伏安特性

在伏安特性实验板上取两个(R_1＝200 Ω 和 R_2＝2 000 Ω)电阻作为被测元件，并按图 1-2-3 所示接好线路。经检查无误后，打开直流稳压电源开关。依次调节直流稳压电源的输出电压为表 1-2-1 中所列数值。并将相对应的电流值记录在表 1-2-1 中。

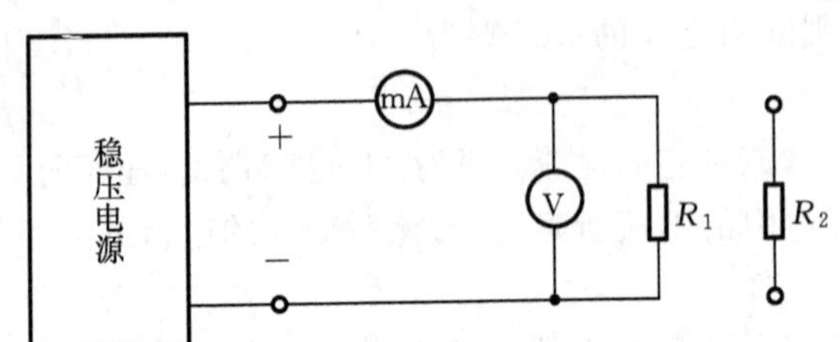

图 1-2-3 线性电阻的伏安特性测试电路

表 1-2-1 线性电阻的伏安特性

	U/V	0	2	4	6	8	10
R_1＝200 Ω	I/mA						
R_2＝2 000 Ω	I/mA						

2. 测定半导体二极管的伏安特性

(1) 正向特性

按图 1-2-4(a)接好线路。经检查无误后，开启稳压电源，输出电压调至 2 V。调节可变电阻器，使电压表读数分别为表 1-2-2 中数值，并将相对应的电流表读数记于表 1-2-2 中，为了便于作图，在曲线弯曲部分可适当多取几个测量点。

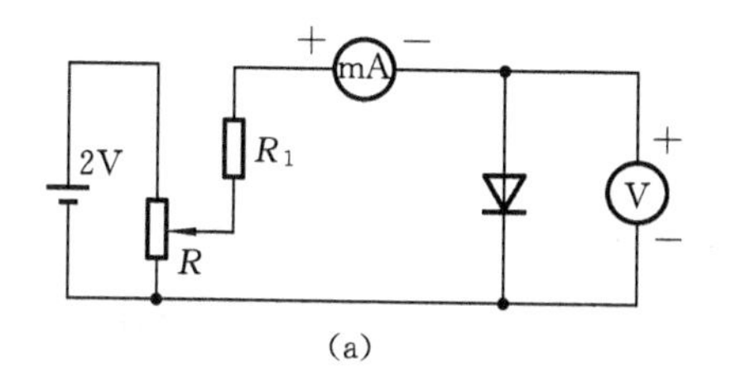

(a)

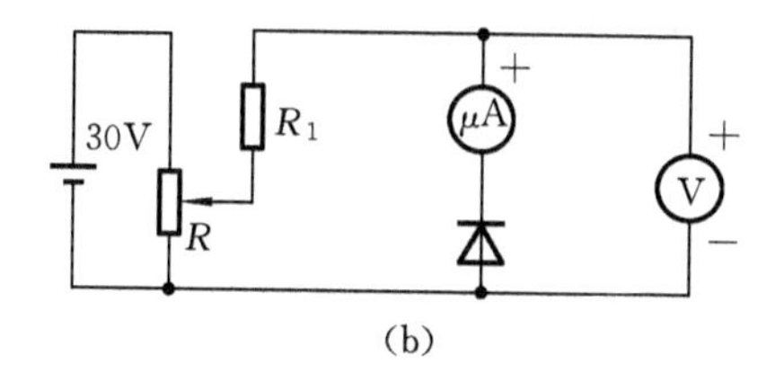

(b)

图 1-2-4 二极管的伏安特性测试电路

表 1-2-2 二极管的正向伏安特性测试数据

U/V	0	0.2	0.4	0.5	0.55	0.6	0.65	0.68	0.7	0.75
I/mA										

(2) 反向特性

按图 1-2-4(b)接好线路。经检查无误后,开启稳压电源,将其输出电压调至 30 V。调节可变电阻器使电压的读数分别为表 1-2-3 中所列数据,并将相应的电流值记入表 1-2-3 中。

表 1-2-3 二极管的反向伏安特性测试数据

U/V	0	5	10	15	20	25	30
I/mA							

3. 测定小灯泡灯丝的伏安特性

本实验采用低压小灯泡作为测试对象。

按图 1-2-5 接好线路。经检查无误后,打开直流稳压电源开关。依次调节电源输出电压为表 1-2-4 所列数值。并将相对应的电流值记录在表 1-2-4 中。

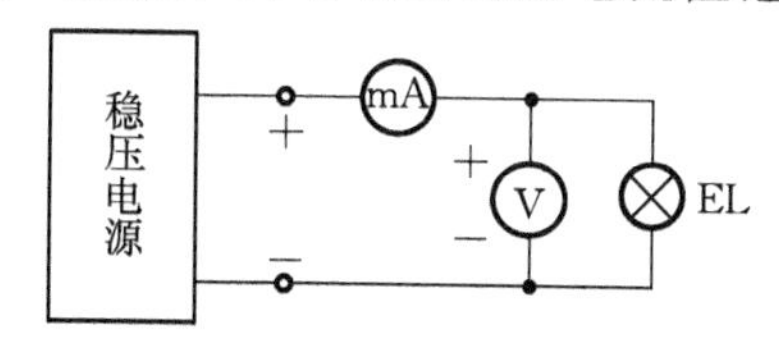

图 1-2-5 小灯泡灯丝的伏安特性测试电路

表 1-2-4 小灯泡灯丝的伏安特性测试数据

U/V	0	0.4	0.8	1.2	1.6	2	3	4	5	6	7	8	9
I/mA													

四、实验设备

晶体管稳压电源一台,直流电压表,直流电流表,滑线变阻器(1 000 Ω)一只,数字万用表，导线若干。

五、实验报告

① 实验报告要按报告单上所列项目认真填写。

② 根据实验中所得数据，在坐标纸上绘制两个线性电阻、半导体二极管、小灯泡灯丝的伏安特性曲线。

③ 分析实验结果，并得出相应的结论。

④ 试说明图 1-2-4(a)、(b)中电压表和电流表接法的区别及原因。

⑤ 通过比较线性电阻与灯丝的伏安特性曲线，分析这两种元件的性质有什么不同。

⑥ 什么是双向元件？白炽灯灯丝是双向元件吗？

六、复习要求

① 熟悉线性电阻和非线性元件的特性。

② 熟悉不同元件伏安特性的测试方法。

实验三 直流电路中电位及其与电压关系的研究

一、实验目的

① 通过实验加深学生对电位、电压及其相互关系的理解；

② 通过对不同参考点电位及电压的测量和计算加深学生对电位的相对性及电压与参考选择无关性质的认识。

二、实验原理

电路中的电位与电压是相互联系而又相互区别的两个概念。

在测量电路中各点电位时，需选定一个参考点，并规定此参考点电位为零。电路中某一点的电位就等于该点与参考点之间的电压值。由于所选参考点不同，电路中各点的电位值将随参考点的不同而不同，所以电位是一个相对的物理量，即电位的大小和极性与所选参考点有关。

电压是指电路中任意两点之间的电位差值，它的大小和极性与参考点选择是无关的。一旦电路结构及参数一定，电压的大小和极性即为定值。

本实验将通过对不同参考点电路各点电位及电压的测量和计算，验证上述关系。

三、实验内容及步骤

本实验电路如图 1-3-1 所示。

① 按图 1-3-1 接好实验电路，在接入电源 U_1、U_2之前，应将直流稳压电源的输

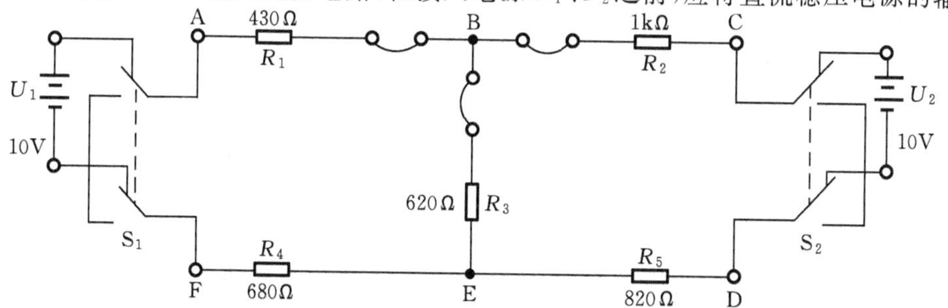

图 1-3-1 直流电路中的电位及电压研究实验电路

出“细调”旋钮调至最小位置。然后打开电源开关，调节电压输出，使其值分别为U_1和U_2（参考数值$U_1=10$ V，$U_2=10$ V）。

② 将开关S_1、S_2合向电源一侧，将U_1和U_2接到电路上。

③ 以电路中的D点为参考点，分别测量电路中的A、B、C、D、E、F各点电位及每两点间的电压U_{AB}、U_{BC}、U_{BE}、U_{ED}、U_{FE}、U_{AF}、U_{AD}，将测量结果分别填入表1-3-1和表1-3-2中，并根据测量的电位数值计算上述电压值，也填入表1-3-2中。

表1-3-1　不同参考点电位的测量

电位 参考点	U_A/V	U_B/V	U_C/V	U_D/V	U_E/V	U_F/V
D						
E						
F						

表1-3-2　两点之间电位的测量数据

电压 参考点	U_{AB}/V	U_{BC}/V	U_{CD}/V	U_{BE}/V	U_{ED}/V	U_{FE}/V	U_{AF}/V	U_{AD}/V
测量								
D(计算)								
E(计算)								
F(计算)								

注意：测量电位时，应将电压表“负”表笔接在电位参考点上，将“正”表笔分别与被测电位点相接触。若电压表指针正向偏转则电位为正值；若电压表指针反向偏转，则应调换表笔两端，此时电压表读数为负值，即该点电位为负。测量电路电压时，电压表的“负”表笔应接在电压符号角标的后一个字母所表示的点上。例如，测量电压U_{AB}应将“负”表笔接在B点，“正”表笔接在A点。若指针正向偏转，读数为正值；若指针反向偏转，倒换正、负表笔位置，读数为负值。

④ 以电路中的E点为电位参考点，按步骤③测量各点电位，并根据测量电位值计算电压值，将结果分别填入表1-3-1和表1-3-2。

⑤ 以F点为电位参考点，按步骤③再次测量各点电位，并计算各电压值，将测量及计算结果填入表1-3-1和表1-3-2。

不同两点的电压要用其相对同一参考点测量的两个电位值相减得到。例如，计算以D点为参考点的电压U_{AB}时，要用以D点为参考测量的电位U_A减U_B得到，计算以E点为参考点的电压U_{AB}时，要用以E点为参考点测量的U_A减U_B得到。

四、实验设备

双路直流稳压电源一台，直流电压表一块，直流电路单元板一块，导线若干。

五、实验报告

① 实验目的、原理及实验电路。

② 根据表1-3-1和表1-3-2中的数据总结电位和电压的关系，分析参考点的选择对电位和电压的影响。

③ 以不同的点作为参考电位点，所测出的各点电位和各点之间的电位有无变化？如何变化？

六、复习要求

根据图1-3-1的参数，计算待测量的电压、电流、电位值，记录并与实验数据进行比较，同时正确确定测量仪表的量程。

实验四　基尔霍夫定律的验证

一、实验目的

① 通过实验验证基尔霍夫电流定律和电压定律，巩固所学理论知识；

② 加深对参考方向概念的理解。

二、实验原理

基尔霍夫定律是电路理论中最基本也是最重要的定律之一。它概括了电路中电流和电压分别遵循的基本规律。它包括基尔霍夫电流定律(KCL)和基尔霍夫电压定律(KVL)。

基尔霍夫节点电流定律：电路中任意时刻流进(或流出)任一节点的电流的代数和等于零。其数学表达式为

$$\sum I = 0$$

此定律阐述了电路任一节点上各支路电流间的约束关系，这种关系与各支路上元件的性质无关，不论元件是线性的或非线性的，含源的或无源的，时变的或时不变的。

基尔霍夫回路电压定律：电路中任意时刻，沿任一闭合回路，电压的代数和为零。其数学表达式为

$$\sum U = 0$$

此定律阐明了任一闭合回路中各电压间的约束关系。这种关系仅与电路的结构有关，而与构成回路的各元件的性质无关，不论这些元件是线性的或非线性的，含源的或无源的，时变的或时不变的。

KCL 和 KVL 表达式中的电流和电压都是代数量。它们除具有大小之外，还有其方向，其方向是以它量值的正、负表示的。为研究方便，人们通常在电路中假定一个方向为参考，称为参考方向。当电路中的电流(或电压)的实际方向与参考方向相同时取正值，其实际方向与参考方向相反时取负值。

例如，测量某节点各支路电流时，可以预设流入该节点的电流参考方向(反之也可)。将电流表负极接到该节点上，而将电流表的正极分别串入各条支路，当电流表指针正向偏转时，说明该支路电流是流入节点的，与参考方向相同，取其值为正；若指针反向偏转，说明该支路电流是流出节点的，与参考方向相反，倒换电流表

极性再测量，取其值为负。

测量某闭合电路各电压时，也应假定某一绕行方向为参考方向，按绕行方向测量各电压时，若电压表指针正向偏转，则该电压取正值，反之取负值。

三、实验内容及步骤

1. 验证基尔霍夫电流定律

本实验在直流电路单元板上进行，按图 1-4-1 接好线路，图中 X_1、X_2、X_3、X_4、X_5、X_6为节点 B 的三条支路电流测量接口。

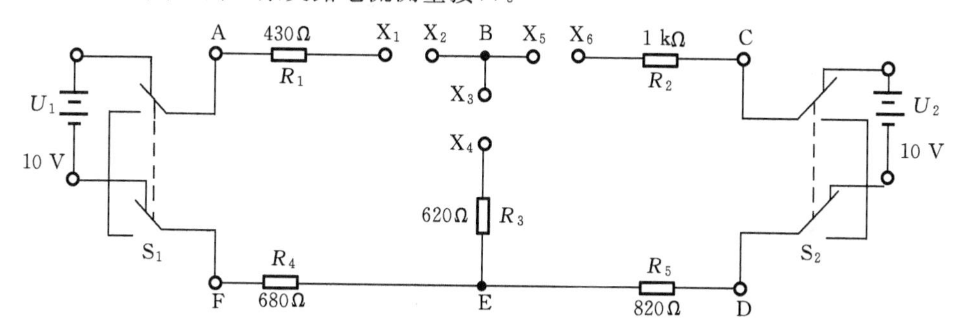

图 1-4-1　基尔霍夫电流定律验证电路

测量某支路电流时，将电流表的两支表笔接在该支路接口上并将另两个接口用连接导线短接。验证基尔霍夫电流定律时，可假定流入该节点的电流为正(反之也可)，并将表笔负极接在节点接口上，表笔正极接到支路接口上。若指针正向偏转，则取为正值，若反向偏转，则倒换电流表笔正负极，重新读数，其值取负。将测量的结果填入表 1-4-1 中。

表 1-4-1　基尔霍夫电流定律测试数据

	计 算 值	测 量 值	误　　差
I_1/mA			
I_2/mA			
I_3/mA			
$\sum I$			

2. 验证基尔霍夫回路电压定律

实验电路与图 1-4-1 相同，用导线将三个电流接口短接。取两个验证回路：回路 1 为 ABEFA，回路 2 为 BCDEB。用电压表依次测取 ABEFA 回路中各支路电压U_{AB}、U_{BE}、U_{EF}、U_{FA}和 BCDEB 回路中各支路电压 U_{BC}、U_{CD}、U_{DE}、U_{EB}。将测量结果填入表 1-4-2 中。测量时可选顺时针方向为绕行方向，并注意电压表的指针偏转方向及取值的正与负。

表 1-4-2 基尔霍夫电压定律测试数据

	U_{AB}	U_{BE}	U_{EF}	U_{FA}	回路 $\sum U$	U_{BC}	U_{CD}	U_{DE}	U_{EB}	回路 $\sum U$
计算值										
测量值										
误差										

四、实验设备

双路直流稳压电源一台，直流毫安表一块，直流电压表一块，直流电路单元板一块，数字万用表一块，带插头导线若干。

五、实验报告

① 利用表 1-4-1 和表 1-4-2 中的测量结果验证基尔霍夫两个定律。

② 利用电路中所给数据，通过电路定律计算各支路电压和电流，并计算测量值与计算值之间的误差；分析误差产生的原因。

③ 思考题。

a. 已知某支路电流约为 3 mA，现有量程分别为 5 mA 和 10 mA 两只电流表，你将使用哪只电流表进行测量？为什么？

b. 改变电流或电压的参考方向，对验证基尔霍夫定律有影响吗？为什么？

六、复习要求

熟悉基尔霍夫电压、电流定律及工作原理。

实验五 迭加原理与互易定理的验证

一、实验目的

① 通过实验验证迭加原理；

② 通过实验验证互易定理。

二、实验原理

① 迭加原理：在线性电路中，任一支路的电流或电压都是电路中每一个独立源单独作用时，在该支路所产生的电流或电压的代数和。

② 互易定理：在电路中只有一个电势作用的条件下，当此电势在支路 A 中作用时，在另一支路 B 中所产生的电流等于将此电势移到支路 B 时，在支路 A 中产生的电流。当支路 B 的电势方向与原来的电流方向相同时，则在支路 A 中的电流必与原来的电势方向相同。

三、实验内容及步骤

1. 验证迭加原理

本实验电路接线如图 1-5-1 所示。U_1、U_2由直流稳压电源供给，其中 $U_1=12$ V，$U_2=14$ V，U_1和 U_2两电源是否作用于电路，分别由换路开关 S_1、S_2来控制。当开关投向短路一侧时，说明该电源不作用于电路。

① 接通 $U_1=12$ V 电源，即 S_1合向电源 U_1一侧；S_2合向短路一侧，测量 U_1单独作用时各支路的电流 I_1、I_2和 I_3，将测量结果记入表 1-5-1。测量某一支路电流时，另外两个测量接口应用导线短接。同时在测量中应注意电流的方向。

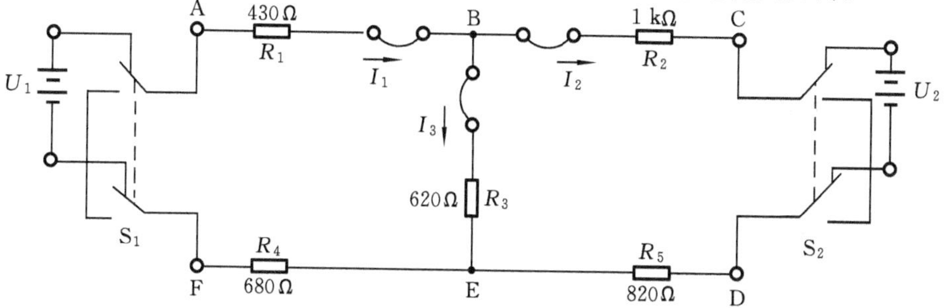

图 1-5-1 迭加原理与互易定理实验电路

② 除去U_1电源(S_1合向"短路"一侧)。接通$U_2=14$ V电源,测量U_2单独作用时各支路的电流I_1,I_2,I_3,将测量结果填入表1-5-1中。

③ 接通U_1和U_2电源,测量U_1和U_2共同作用下各支路的电流,将结果记入表1-5-1中。

④ 利用表1-5-1中的数据验证迭加原理。

表1-5-1 迭加原理实验数据

	I_1/mA			I_2/mA			I_3/mA		
	测量	计算	误差	测量	计算	误差	测量	计算	误差
U_1单独作用									
U_2单独作用									
代数和									
U_1,U_2共同作用									

2. 验证互易定理

① 将U_2去掉(把开关S_2合向短路一侧)。使$U_1=25$ V作用于电路,用电流表测I_2,并记入表1-5-2中。

② 将U_1移到U_2的位置上,保持其值不变,并把开关S_1合向短路一侧,S_2合向电源一侧,用电流表测量I_1,记入表1-5-2中。

③ 将U_1的值改为30 V重复步骤①和②,再次测量I_2和I_1,记入表1-5-2中。

④ 比较表1-5-2中的数据,验证互易定理。

表1-5-2 互易定理实验数据

	$U_1=25$ V	$U_1=30$ V
I_2/mA		
I_1/mA		

四、实验设备

直流稳压电源(双路)一台,直流电流表一只,直流电路实验单元板一块,数字万用表,导线若干。

五、实验报告

① 整理数据表格,根据数据验证迭加原理、互易定理。

② 回答下列问题。

a. 在验证迭加原理时,如果电源内阻不能忽略,实验该如何进行?

b. 迭加原理的使用条件是什么？

六、复习要求

① 预习迭加原理与互易定理的原理。

② 计算表 1-5-1 中的理论数据，以便与实验数据进行比较。

实验六　戴维南定理和诺顿定理实验

一、实验目的

① 通过实验验证戴维南定理和诺顿定理，加深对等效电路概念的理解；

② 学习用补偿法测量开路电压。

二、实验原理

1. 等效电源定理

对任何一个线性含源一端口网络，如图 1-6-1(a)，根据戴维南定理，可以用图 1-6-1(b)所示电路代替；根据诺顿定理，可以用图 1-6-1(c)所示电路代替。其等效条件是：U_{OC}是含源一端口网络 C、D 两端的开路电压；I_{SC}是含源一端口网络 C、D 两端短路后的短路电流；电阻 R_i是把含源一端口网络化成无源网络后的输入端电阻。

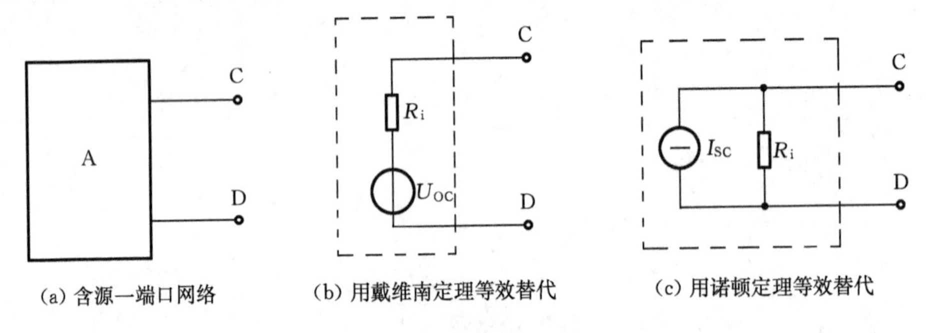

(a) 含源一端口网络　　(b) 用戴维南定理等效替代　　(c) 用诺顿定理等效替代

图 1-6-1　等效电源定理

用等效电路替代一端口含源网络的等效性，在于保持外电路中的电流和电压不变，即替代前后两者引出端钮间的电压相等时，流出(或流入)引出端钮的电流也必须相等(伏安特性相同)。

2. 含源一端口网络开路电压的测量方法

(1) 直接测量法

当含源一端口网络的输入端等效电阻 R_i与电压表内阻 R_V相比可以忽略不计时，可以直接用电压表测量其开路电压 U_{OC}。

(2) 补偿法

当一端口网络的输入端电阻 R_i与电压表内阻 R_V相比不可忽略时，用电压表直接测量开路电压，就会影响被测电路的原工作状态，使所测电压与实际值间有较大的误差。补偿法可以排除电压表内阻对测量所造成的影响。

图 1-6-2 是用补偿法测量电压的电路，测量步骤如下。

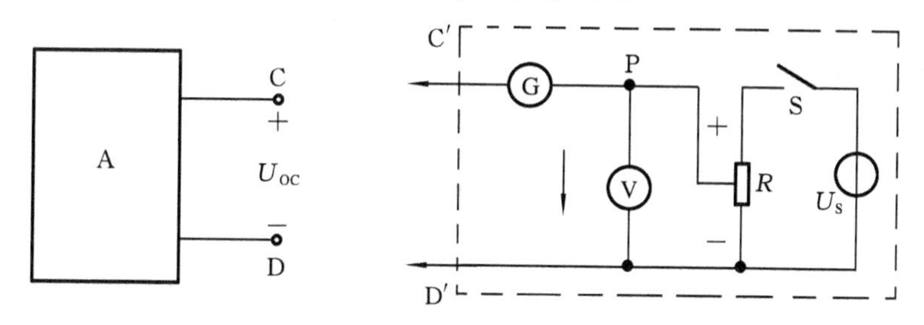

图 1-6-2　补偿法测一端口网络的开路电压

① 用电压表初测一端口网络的开路电压，并调整补偿电路中分压器的电压，使它近似等于初测的开路电压。

② 将 C、D 与 C′、D′对应相接，再细调补偿电路中分压器的输出电压，使检流计 G 的指示为零。因为 G 中无电流通过，这时电压表指示的电压等于被测电压，并且补偿电路的接入没有影响被测电路的工作状态。

3. 一端口网络输入端等效电阻 R_i 的实验求法

输入端等效电阻 R_i，可根据一端口网络除源（电压源短路、电流源开路，保留内阻）后的无源网络通过计算求得，也可通过实验的办法求出。

① 测量含源一端口网络的开路电压 U_{OC} 和短路电流 I_{SC}，则

$$R_i = \frac{U_{OC}}{I_{SC}}$$

② 将含源一端口网络除源，化为无源网络 P，然后按图 1-6-3 接线，测量 U_S 和 I，则

$$R_i = \frac{U_S}{I}$$

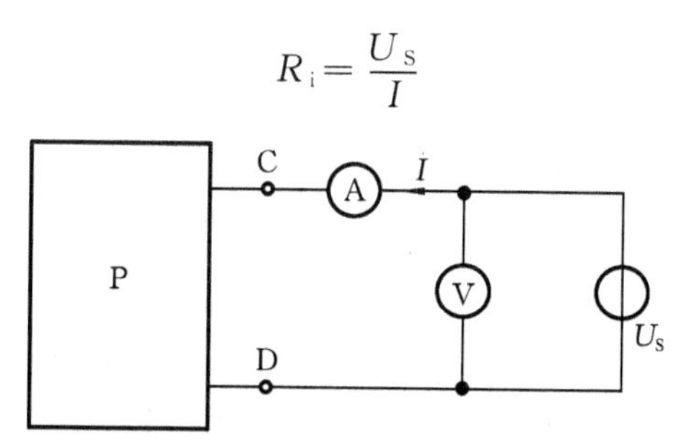

图 1-6-3　测量一端口无源网络电阻

三、实验内容及步骤

本实验按图 1-6-4 所示连接，使 $U_1 = 25$ V，本实验选择 C、D 两端左侧为一端

口含源网络。

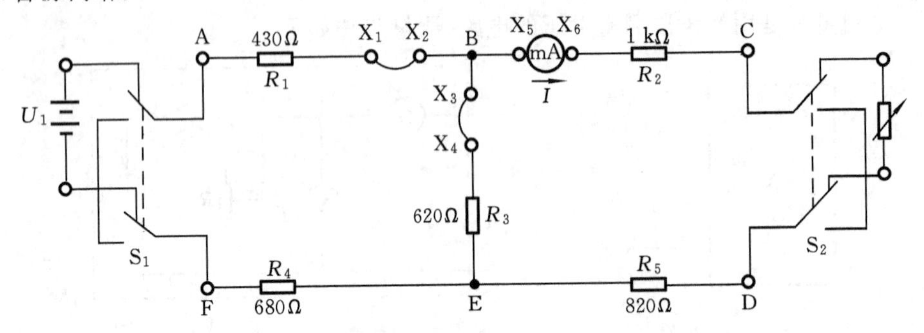

图 1-6-4 戴维南和诺顿定理实验电路

1. 测量含源一端口网络的外部伏安特性

调节一端口网络外接电阻 R_L 的数值，使其分别为表 1-6-1 中的数值，测量通过 R_2 的电流（X_5 和 X_6 电流接口处电流表读数）和两端电压，将测量结果填入表 1-6-1中，其中 $R_L=0$ 时的电流称为短路电流。

表 1-6-1 端口网络的外部伏安特性数据

R_L/Ω	0	500	1000	1500	2000	2500	开路
I/mA							
U/V							

2. 验证戴维南定理

① 分别用直接测量法和补偿法测量 C、D 端口网络的开路电压 U_{OC}。

② 用补偿法（或直接测量法）所测得的开路压 U_{OC} 和步骤①中测得的短路电流 $I_{SC}(R_L=0)$，计算 C、D 端输入端等效电阻。

$$R_{CD}=R_i=\frac{U_{OC}}{I_{SC}}$$

③ 按图 1-6-1(b)构成戴维南等效电路，其中电压源用直流稳压电源代替，调节电源输出电压，使之等于 U_{OC}，R_i 用电阻箱代替，在 C、D 端接入负载电阻 R_L，如图 1-6-5 所示。按和表 1-6-1 中相同的电阻值，测取电流和电压，填入表 1-6-2。

④ 将表 1-6-1 和表 1-6-2 中的数据进行比较，验证戴维南定理。

表 1-6-2 戴维南等效电路的伏安特性数据

R_L/Ω	0	500	1000	1500	2000	2500	开路
I/mA							
U/V							

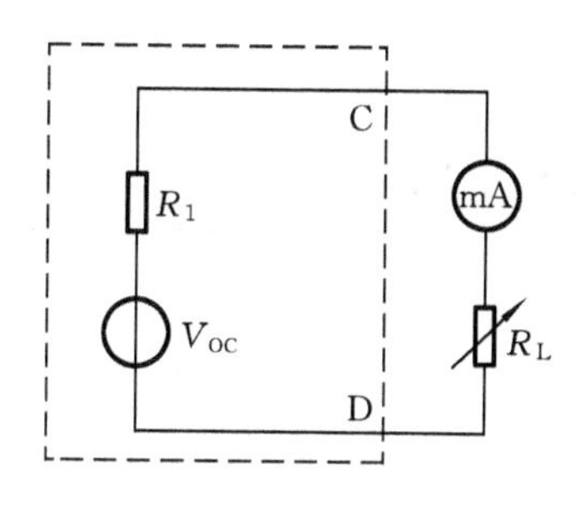

图 1-6-5 验证戴维南定理

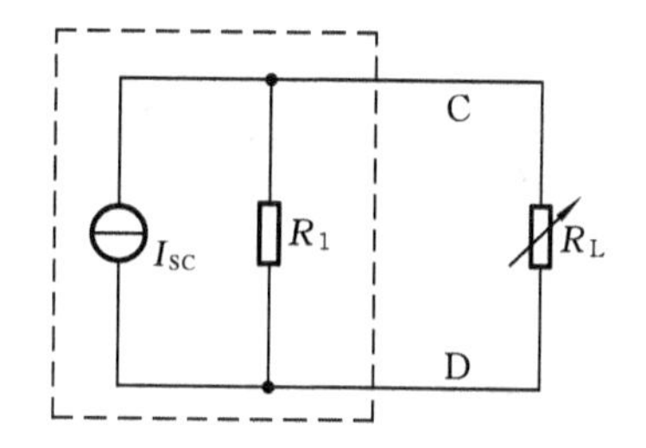

图 1-6-6 验证诺顿定理

3. 验证诺顿定理

按图 1-6-6 接线，构成诺顿等效电路，其中 I_{SC}需用可调电流源，再与 R_1并联。接上负载电阻 R_L，使其值分别为表 1-6-1 中的值，测量电流和电压，填入表 1-6-3，比较表 1-6-1 和表 1-6-3 中的数据，验证诺顿定理。

表 1-6-3 诺顿等效电路的伏安特性数据

R_L/Ω	0	500	1000	1500	2000	2500	开路
I/mA							
U/V							

四、实验设备

直流稳压稳流源一台（若无稳流源，则选用电压源与电流源互换单元板代替），直流毫安表、直流电压表各一只，直流电路单元板一块，检流计（或直流微安表 TS-B-01）一只，十进制电阻箱两只，滑线变阻器一只，导线若干。

五、实验报告

① 在同一张坐标纸上画出原一端口网络和各等效网络的伏安特性曲线，并作分析比较，说明如何验证戴维南定理和诺顿定理。

② 对于图 1-6-2 所示的电路，如果在用补偿法测量开路电压时，将C′与 D 相接，D′与 C 相接，能否达到测量电压 U_{CD}的目的？为什么？

六、复习要求

① 熟悉戴维南定理和诺顿定理的基本原理。

② 掌握二端网络的伏安关系测量。

实验七　电压源与电流源的等效变换

一、实验目的

① 通过实验加深对电流源及其外特性的认识；

② 掌握电流源和电压源进行等效变换的条件。

二、实验原理

电流源是除电压源以外的另一种形式的电源，它可以产生电流提供给外电路。电流源可分为理想电流源和实际电流源(实际电流源通常简称电流源)。

理想电流源可以向外电路提供一个恒值电流，不论外电路电阻的大小如何。理想电流源具有两个基本性质：第一，它的电流是恒值的，而与其端电压的大小无关；第二，理想电流源的端电压并不能由它本身决定，而是由与之相连接的外电路确定的。理想电流源的伏安特性曲线如图 1-7-1 所示。

实际电流源当其端电压增加时，通过外电路的电流并非恒定值而是要减小。端电压越高，电流下降得越多；反之，端电压越低通过外电路的电流越大，当端电压为零时，流过外电路的电流最大，为 I_S。实际电流源可用一个理想电流源 I_S和一个内阻 R_S相并联的电路模型表示。实际电流源的电路模型及伏安特性如图1-7-2 所示。

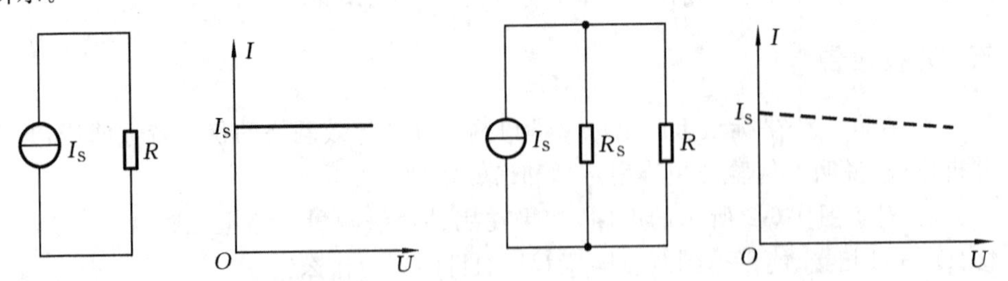

图 1-7-1　理想电流源伏安关系　　　　图 1-7-2　实际电流源伏安关系

某些器件的伏安特性具有近似理想电流源的性质，如硅光电池、晶体三极管输出特性等。本实验中的电流源是用晶体管来实现的。晶体三极管在共基极连接时，集电极电流 I_C和集电极与基极间的电压 U_{CB}的关系如图 1-7-3 所示。由图可见$I_C=f(U_{CB})$关系曲线的平坦部分具有恒流特性，当 U_{CB}在一定范围变化时，集电极电流 I_C近乎恒定值，可以近似地将其视为理想电流源。

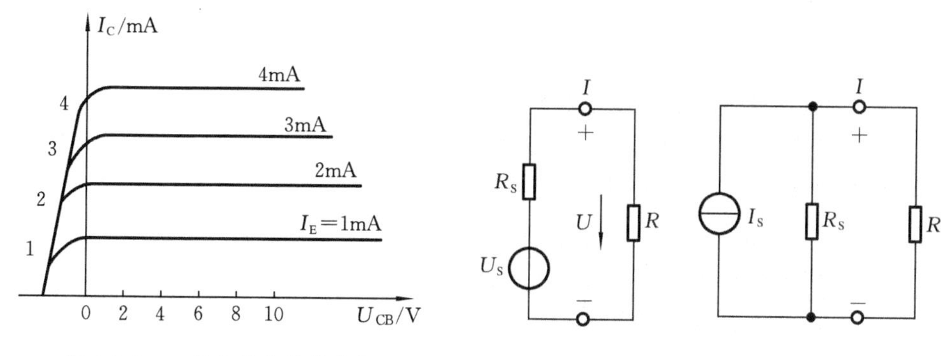

图 1-7-3　三极管输出特性曲线

图 1-7-4　电源的等效模型

电源的等效变换。一个实际的电源，就其外部特性而言，既可以看成是一个电压源，也可以看成是一个电流源。

原理证明如下：设有一个电压源和一个电流源分别与相同阻值的外电阻 R 相接，如图 1-7-4 所示。对于电压源来说，电阻 R 两端的电压 U 和流过 R 的电流 I 间的关系可表示为

$$U = U_S - IR_S \quad 或 \quad I = \frac{U_S - U}{R_S}$$

对于电流源电路来说，电阻 R 两端的电压 U 和流过它的电流 I 之间的关系可表示为

$$I = I_S - \frac{U}{R'_S} \quad 或 \quad U = I_S R'_S - IR'_S$$

如果两种电源的参数满足以下关系

$$I_S = \frac{U_S}{R_S} \tag{1-7-1}$$

$$R_S = R'_S \tag{1-7-2}$$

则电压源电路的两个表达式可以写成

$$U = U_S - IR_S = I_S R'_S - IR'_S$$

或

$$I = \frac{U_S - U}{R_S} = I_S - \frac{U}{R'_S}$$

可见表达式与电流源电路的表达式是完全相同的，也就是说在满足式(1-7-1)和式(1-7-2)的条件下，两种电源对外电路电阻 R 是完全等效的。两种电源互相替换对外电路将不发生任何影响。

式(1-7-1)和式(1-7-2)为电源等效互换的条件。利用它可以很方便地把一个参数为 U_S 和 R_S 的电压源变换为一个参数为 $I_S = \frac{U_S}{R_S}$ 和 R_S 的等效电流源；反之，也可以容易地把一个电流源转化成一个等效的电压源。

三、实验内容及步骤

1. 测试理想电流源的伏安特性

此实验可用如下电压-电流源等效变换电路来实现。按图 1-7-5(a)接好电路，其等效电路如图 1-7-5(b)所示。

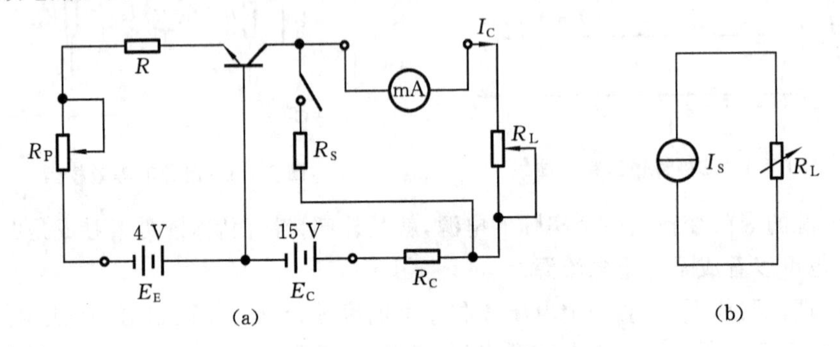

图 1-7-5 电压-电流源等效变换电路

图中 E_E 和 E_C 由双路直流稳压电源提供，调节电位器使 $I_C=8$ mA。按表1-7-1中的数值从小到大依次调节电阻 R_L 的值，记录电流相对应的读数，填入表1-7-1中。

表 1-7-1 不同负载的电流测试数据

R_L/Ω	0	200	400	600	800	1000
I_C/mA						
计算 U/V						

2. 测试实际电流源的伏安特性

将图 1-7-5(a)中与 R_S 串联的开关闭合，其实际电路如图 1-7-6(a)所示，其等效电路如图 1-7-6(b)所示，其中 $R_S=1$ kΩ。

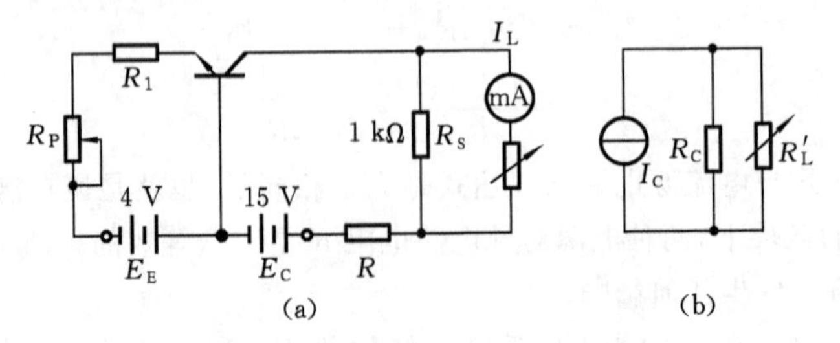

图 1-7-6 实际电流源测试电路

调节 R_L 使 $I_C=8$ mA，改变 R_L 使其分别为表 1-7-2 中数值，记录相对应的 I_L 值填入表中。

表 1-7-2 实际等效电路的测试数据

R'_L/Ω	0	200	400	600	800	1000
I_C/mA						
计算 U/V						

3. 电流源与电压源的等效变换

根据电源等效变换的条件，图 1-7-6(a)所示电流源可以变换成一个电压源，其参数为

$$U_S = I_C \cdot R_S = 8 \cdot R_S = 8\ \text{V}, \quad R_S = 1\ \text{k}\Omega$$

等效电路如图 1-7-7 所示，按图 1-7-7 组成电路。其中 U_S由直流稳压电源提供(要用实验用电压表测量)，R_L和 R_S用电阻箱上的电阻，使 $R_S = 1\ \text{k}\Omega$。R_L为表 1-7-3 中数值，记录对应的电流值 I_L，填入表 1-7-3 中。比较表 1-7-2 和表 1-7-3 中的数据验证实际电流源(见图 1-7-6)与实际电压源(见图 1-7-7)的等效性。

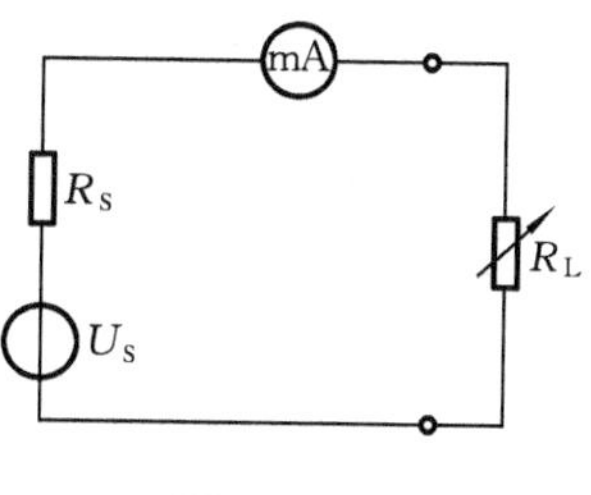

图 1-7-7

四、实验设备

双路直流稳压电源一台，电源互换电路板，电压表，电流表各一只，电阻箱两只，导线若干。

五、实验报告

① 根据表 1-7-1、表 1-7-2、表 1-7-3 中的实验数据，绘制理想电流源、实际电流源以及电压源的伏安特性曲线。

② 比较两种电源等效变换后的结果，并分析产生误差的原因。

③ 回答下列问题。

a. 电压源和电流源等效变换的条件是什么？

b. 理想电流源和理想电压源是否能够进行等效变换？为什么？

六、复习要求

① 熟悉实际电压源、电流源等效互换原理。

② 分析图 1-7-5 实现电流源的工作原理。

实验八　一阶电路实验

一、实验目的

① 观察一阶电路的过渡过程，研究元件参数改变对过渡过程的影响；

② 学习脉冲信号发生器和示波器的使用方法。

二、实验原理

RC 电路在脉冲信号的作用下，电容器充电，电容器上的电压按指数规律上升，即

$$U_C(t) = U(1 - e^{-t/\tau})$$

U_C随时间上升的规律可用曲线表示，如图 1-8-1 所示。

电路达到稳态后，将电源短路，电容器放电，其电压按指数规律衰减，即

$$U_C(t) = Ue^{-t/\tau}$$

U_C随时间衰减的规律可以用曲线表示，如图 1-8-2 所示。

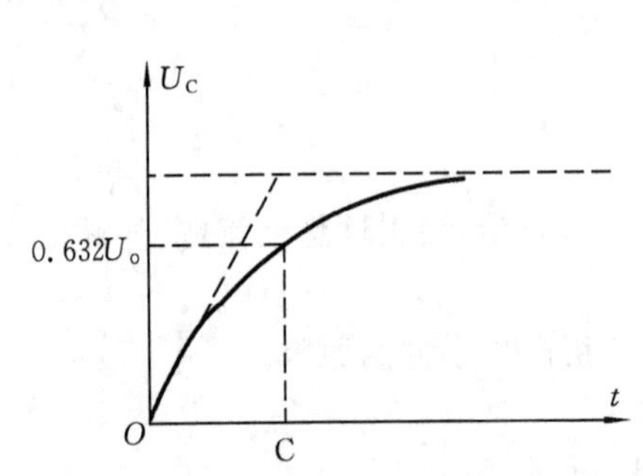

图 1-8-1　*RC* 充电过渡过程曲线

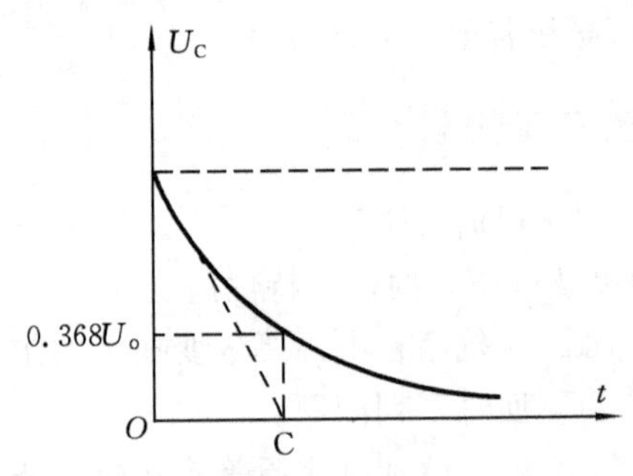

图 1-8-2　*RC* 放电过渡过程曲线

其中 $\tau(=RC)$称为电路的时间常数，它的大小决定了过渡过程进行的快慢。其物理意义是电路零输入响应衰减到初始值的 36.8%所需要的时间，或者是电路零状态响应上升到稳态值的 63.2%所需要的时间。虽然真正到达稳态所需要的时间为无限大，但通常认为经过 $3\tau \sim 5\tau$ 的时间，过渡过程就基本结束，电路进入稳态。

对于一般电路来说，时间常数均较小，在毫秒甚至微秒级，电路会很快达到稳态，一般仪表尚来不及反应，过渡过程已经消失。因此，用普通仪表难以观测到电压随时间变化的规律。示波器可以观察到周期变化的电压波形，如果使电路的过

渡过程按一定周期重复出现，示波器荧光屏上就可以观察到过渡过程的波形。本实验用脉冲信号源作为实验电源，由它产生一个固定频率的方波，模拟阶跃信号。在方波的前沿相当于接通直流电源，电容器通过电阻充电，如图 1-8-1 所示，方波后沿相当于电源短路，电容器通过电阻放电，如图 1-8-2 所示。方波周期性重复出现，电路就不断地进行充电、放电。将电容器两端接到示波器输入端，就可观察到一阶电路充电、放电的过渡过程。用同样的办法也可以观察到 RL 电路的过渡过程。

三、实验内容及步骤

1. 观察并记录 RC 电路的过渡过程

① 按图 1-8-3 接好电路。调节方波频率为 1 kHz 并使占空比为 1∶1，方波幅值为 2.5 V，图中 $R=300\ \Omega$，$C=0.1\ \mu F$。观察示波器上的波形，并用方格纸记录下所观察到的波形。从波形图上测量电路的时间常数 τ，然后与用电路参数的计算时间常数相比较，分析两者不同的原因。

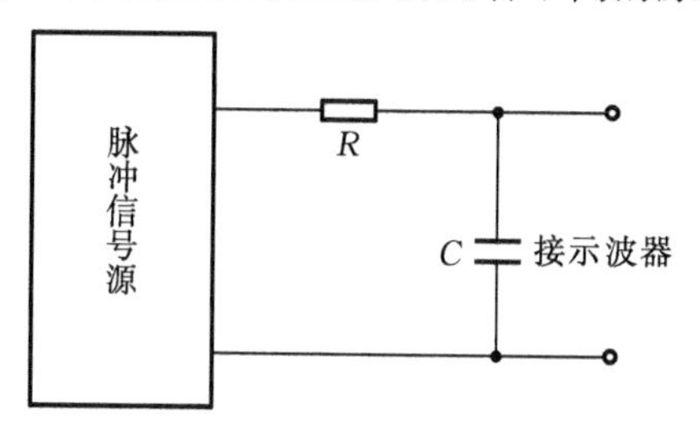

图 1-8-3　观察电容的过渡过程

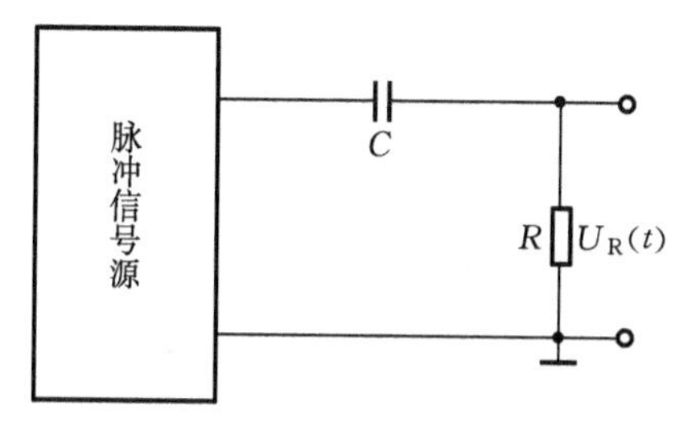

图 1-8-4　观察电阻 R 上的电压波形 $U_R(t)$

② 观察并记录参数改变对 $U_C(t)$ 过渡过程的影响。将电路参数改为 $R=800\ \Omega$，$C=0.1\ \mu F$，重复步骤①的实验内容。

③ 观察并记录电阻上电压随时间的变化规律 $U_R(t)$。按图 1-8-4 接好电路。$R=300\ \Omega$，$C=0.1\ \mu F$，调整方波频率为 1 kHz，方波幅值为 2.5 V，观察电阻上电压 $U_R(t)$ 的波形，并用方格纸记录下所观察到的波形。

④ 将电路参数改为 $R=800\ \Omega$，$C=0.1\ \mu F$，重复步骤③的实验内容。

2. 观察并记录 RL 电路的过渡过程

① 按图 1-8-5 接好电路，调节频率为 1 kHz，方波幅值为 2.5 V，占空比 1∶1；使 $R=300\ \Omega$，$L=22$ mH，观察并记录电感上的电压波形 $U_L(t)$。

② 改变参数，使 $R=800\ \Omega$，$L=22$ mH，重复步骤①的实验内容。

③ 按图 1-8-6 接线，使 $R=300\ \Omega$，$L=22$ mH，观察并记录电阻 R 上的电压波形 $U_R(t)$。

④ 改变参数值 $R=800\ \Omega$，$L=22$ mH，重复步骤③的实验内容。

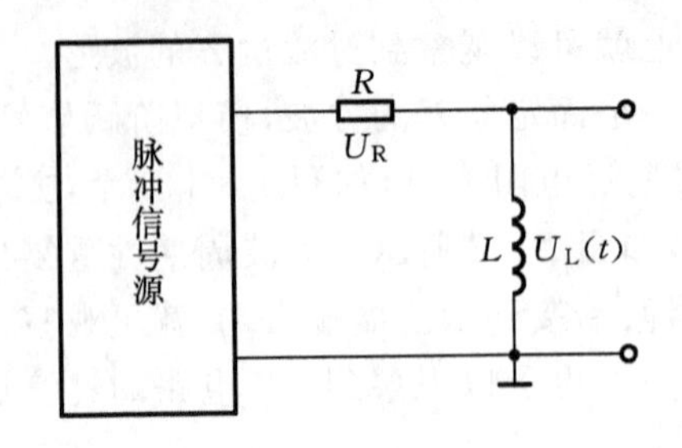

图 1-8-5 观察 RL 电路中 $U_L(t)$ 的波形

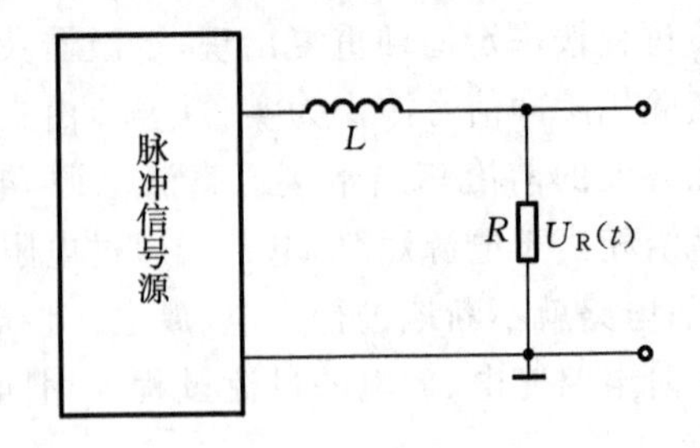

图 1-8-6 观察 RL 电路中 $U_R(t)$ 的波形

四、实验设备

双踪示波器一台，脉冲信号源，动态电路单元板一块，电阻箱一只。

五、实验报告

① 用方格纸绘制所观察到的各种波形。

② 说明元件参数的变化对过渡过程的影响。

③ 为什么实验中要使 RC 电路的时间常数较方波的周期小很多？如果方波周期较 RC 电路时间常数 τ 小很多，会出现什么情况？

六、复习要求

① 预习 RC、RL 一阶电路的工作原理及不同时间常数下，输出信号的变化规律。

② 积分电路和微分电路必须具备的条件。

实验九 交流电路参数的测定

一、实验目的

① 学习用交流电流表、交流电压表和功率表测定交流电路中未知阻抗元件参数的方法；

② 学习用三电压表法测量未知阻抗元件参数的方法；

③ 进一步掌握功率表的使用方法。

二、实验原理

交流电路中未知阻抗元件参数可以用交流电桥直接进行测量，在没有交流电桥的情况下，可以用下面两个方法测定。

1. 交流电流表、交流电压表和功率表法

在正弦交流电路中，一个未知阻抗 $Z=r+\mathrm{j}X$，当测量出通过它的电流 I、两端电压 U 和消耗的有功功率 P 之后，就可以计算出其电阻 r、电抗 X 和阻抗 Z。其关系式为

$$Z=\frac{U}{I},\quad r=\frac{P}{I^2},\quad X=\sqrt{Z^2-r^2}$$

测量线路如图 1-9-1 所示。

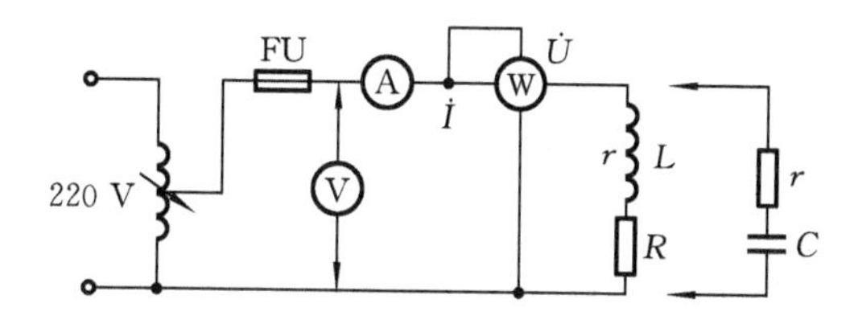

图 1-9-1 交流电路参数测定

如果待测阻抗是一个带有铁心的电感线圈，则 r 为铁心线圈的等值电阻，其中除包括电感线圈导线直流电阻外，还包括了铁心损耗(磁滞和涡流损耗)等值电阻。电感线圈的电感 L 为

$$L=\frac{X}{\omega}$$

如果待测阻抗是一个电阻与电容的串联电路，则 r 中除包括所串联的电阻外，还包括了电容器介质损耗的等值电阻。由于电容器的介质损耗一般是很小的，r

可以认为是阻抗中实际串联的电阻。阻抗中的电容 C 为

$$C=\frac{1}{X\omega}$$

2. 三电压表法

测交流电路中元件的参数在仅有电压表的情况下，也可以用三电压表法的方法测出。其原理是将待测元件与一个已知电阻串联，如图 1-9-2(a)所示。若待测元件是一个电感线圈，当通过一个已知频率的正弦交流电流时，用电压表分别测出已知电阻 R 上的电压 U_1，待测元件上的电压 U_2 及总电压 U，然后将此三个电压用作图法组成一个闭合三角形，如图 1-9-2(b)所示。把待测元件上的电压分解成和 U_1 平行的电压分量 U_r，与 U_1 垂直的电压分量 U_X。根据三角运算关系，或比例作图的办法，可求得 r 和 X 的值，再由 $X=\omega L$，求出 L，即

$$r=\frac{U_r}{U_1}\cdot R,\quad X=\frac{U_X}{U_1}\cdot R$$

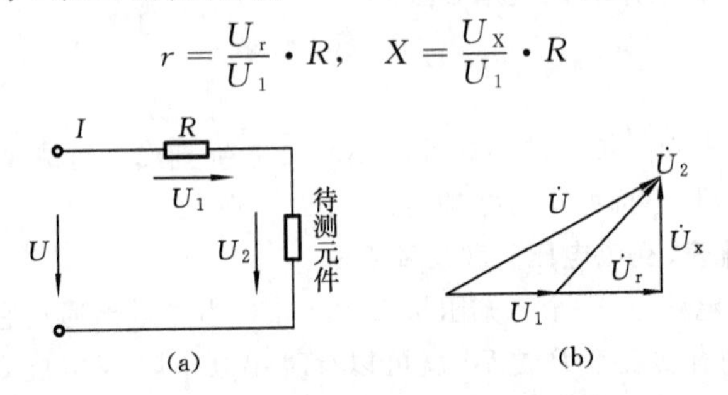

图 1-9-2　三电压表测交流电路元件参数

若待测元件为一个电容元件，由于电容介质损耗的等值电阻很小，故 U_1、U_2、U 组成的三角形几乎为一直角三角形，用同样的方法可以求出电容 C 的大小。计算公式为

$$X=\frac{U_C}{U_1}\cdot R,\quad C=\frac{1}{X\omega}$$

注：用上述两种方法测量交流电路的参数，均可能造成较大的测量误差，要准确地测量交流电路的参数，应用专门测量仪器——交流电桥。

三、实验内容及步骤

① 选实验台上的镇流器、实验板上的镇流器为待测阻抗元件。测量它在额定工作状态下的等值电阻和电感。

② 按图 1-9-1 接线，调节调压器输出电压，监视电流表的示数，使电流 I 为镇流器在日光灯电路中的额定电流，即 $I=0.4$ A，然后测量 U 和功率 P，并计算 r、X 和 L。

③ 按图 1-9-2(a)接线，U 为调压器输出电压，R 为滑线变阻器电阻，并用欧姆表测量使 $R=200\ \Omega$。调节 U，使电流 $I=0.4$ A，分别测量 U、U_1、U_2，并做好记录。

④ 用U、U_1、U_2作封闭三角形，并将U_2分解为U_r和U_X，按公式计算r、X及L。

⑤ 将图1-9-1中的镇流器取下，换上电阻与电容C串联的待测阻抗，其中r可为滑线变阻器上的某一电阻，C为动态电路板上标称值为4 μF的电容器（以此为待测电阻和电容）取$U=220$ V，测量I和P，并计算r和C的值。

⑥ 按图1-9-3接线，使$U=200$ V，测量U_1和U_2，并用U、U_1和U_2组成封闭三角形，计算r和C。

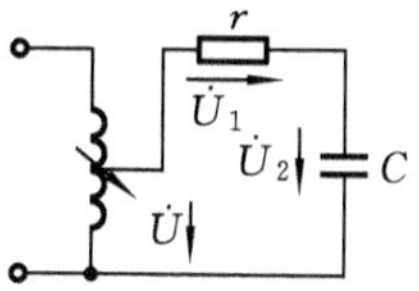

图1-9-3 三电压表测交流参数

四、实验设备

交流电流表0～500 mA一只，交流电压表0～250 V一只，低功率因数瓦特表0～300 V、0～0.5至1 A、$\cos\varphi=0.2$一只，镇流器（待测元件）一只，电容器一只，滑线变阻器0～1000 Ω一只，交流调压器。

五、实验报告

① 说明实验目的、原理，画出实验电路图。

② 整理实验数据，用电压、电流及功率表法和三电压表法分别计算待测镇流器在额定工作状态下的等值电阻和电感值。

③ 用电压、电流及功率表法和三电压表法分别计算电阻与电容串联阻抗中的电容值。

④ 回答下列问题。

a. 图1-9-1中，哪个表的读数有方法误差？

b. 是否能用三电流表法测量交流电路中元件的参数？采用什么电路？如何计算？

六、复习要求

复习交流电路参数的测量方法，功率表的测量原理及三电压表法测量方法。

实验十　正弦交流电路中 *RLC* 的特性实验

一、实验目的

① 通过实验进一步加深对 *RLC* 元件在正弦交流电路中基本特性的认识；

② 研究 *RLC* 元件并联电路中总电流和各支路电流之间的关系。

二、实验原理

线性是不变电路在正弦信号激励下的响应，可以通过该电路的微分方程式来求得。其解是由对应的齐次方程的通解和非齐次方程的特解组成。特解即是该电路的稳态解，其函数形式与激励函数一样也是正弦量。如果运用相量法求电路的稳态响应，则可以不必列出电路的微分方程，只需列出相量的代数方程便可求出电路的稳态解，从而使电路的计算大为简化。

1. *R*、*L*、*C* 元件电压与电流间的相量关系

对于电阻元件来说，在正弦交流电路中的伏安关系和直流电路的形式是一样的。其相量关系为

$$\dot{U} = \dot{I}R$$

其中 $\dot{U}=U\angle\varphi_u$，$\dot{I}=I\angle\varphi_i$，分别为电压相量和电流相量。将其代入上式，有

$$U\angle\varphi_u = I\angle\varphi_i \cdot R$$

此式说明电压有效值与电流有效值符合欧姆定律，并且电压与电流同相位（$\varphi_u=\varphi_i$）。电阻元件阻值的大小与频率无关。

对于电容元件来说，其电压电流间的相量关系为

$$\dot{U} = \dot{I}Z_C$$

其中 $\dot{U}=U\angle\varphi_u$，$\dot{I}=I\angle\varphi_i$，$X_C=\frac{1}{j\omega C}=\frac{1}{\omega C}\angle-90°$。将其代入上式，有

$$U\angle\varphi_u = I\frac{1}{\omega C}\angle\varphi_i - 90°$$

此式说明电容 *C* 端电压的有效值与电流的有效值之间不仅与电容量的大小有关，而且和电源的角频率的大小有关。当电容 *C* 一定时，ω 越高，电容的容抗越小，在电压一定的情况下，电流越大。反之频率越低，电容器容抗越大，在一定电压情况下，电流越小。同时，公式还表明流过电容的电流超前其端电压 90°。

对于电感元件 L，其电压与电流间的相量关系为

$$\dot{U} = \dot{I} Z_{\mathrm{L}}$$

其中 $\dot{U}=U\angle\varphi_{\mathrm{u}}$，$\dot{I}=I\angle\varphi_{\mathrm{i}}$，$X_{\mathrm{L}}=\mathrm{j}\omega L=\omega L\angle 90^{\circ}$，代入上式有

$$U\angle\varphi_{\mathrm{u}} = I\omega L\angle\varphi_{\mathrm{i}} + 90^{\circ}$$

此式表明电感 L 两端的电压有效值与电流有效值之间，不仅与电感量的大小有关，还与电源的角频率有关。电感元件 L 的感抗是频率的函数，频率越高，感抗越大，在电压一定的情况下，流过电感元件的电流越小；反之，频率越低，感抗越小，流过电感的电流越大。并且电感两端的电压导前电流 90°。

2. *RLC* 并联电路中总电流和各支路电流的关系

图 1-10-1 为 RLC 并联电路，其中 r 为电感 L 的直流电阻，根据交流电路的基尔霍夫定律有

$$\dot{I} = \dot{I}_{\mathrm{R}} + \dot{I}_{\mathrm{L}} + \dot{I}_{\mathrm{C}}$$

其中

$$\dot{I}_{\mathrm{R}} = \frac{\dot{U}}{R}$$

$$\dot{I}_{\mathrm{L}} = \frac{\dot{U}}{r+\mathrm{j}\omega L} = \frac{U}{\sqrt{r^{2}+(L\omega)^{2}}}\angle-\varphi,\ \varphi = \arctan\frac{\omega L}{r}$$

$$\dot{I}_{\mathrm{C}} = \dot{U}\mathrm{j}\omega C = U\omega C\angle 90^{\circ}$$

故

$$\dot{I} = \dot{U}\left(\frac{1}{R}+\frac{1}{r+\mathrm{j}\omega L}+\mathrm{j}\omega C\right) = \dot{I}_{\mathrm{R}}+\dot{I}_{\mathrm{L}}+\dot{I}_{\mathrm{C}}$$

即并联电路总电流相量 $\dot{I}$ 是各支路电流相量 $\dot{I}_{\mathrm{R}}$、$\dot{I}_{\mathrm{L}}$、$\dot{I}_{\mathrm{C}}$ 的相量和。

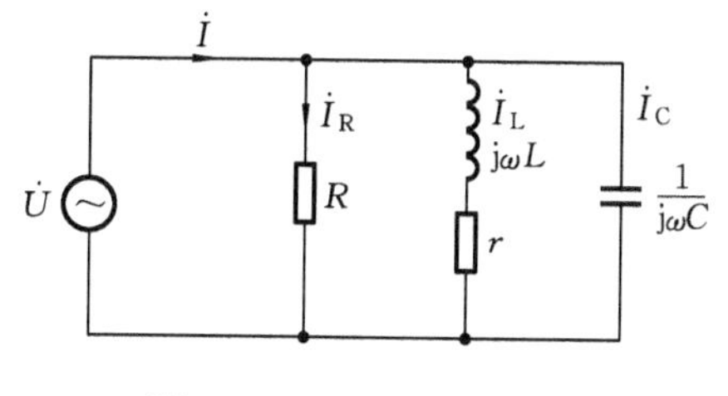

图 1-10-1　*RLC* 并联电路

三、实验内容及步骤

① 此实验在动态电路板上进行，其中 $R=620\ \Omega$，$L=10\ \mathrm{mH}$，$C=0.1\ \mu\mathrm{F}$，按图 1-10-2 接线（$r=40\ \Omega$）。

② 打开实验台上的正弦波信号发生器的开关，将输出电压调至 3 V，输出频率调至 2 kHz，分别与 R、L、C 相接，测量出电流 I_{R}、I_{L}、I_{C}，然后再把 R、L、C 并联起来测量出并联后的总电流 I，将各测量结果填入表 1-10-1 中。此实验中电压的测量要用晶体管或真空管电压表，不能用普通机电式指针表。电流的测量采用间接测量法，即用晶体管毫伏表测量 $R_{\mathrm{O}}=1\ \Omega$ 上的电压，然后折算出电流。例如，测

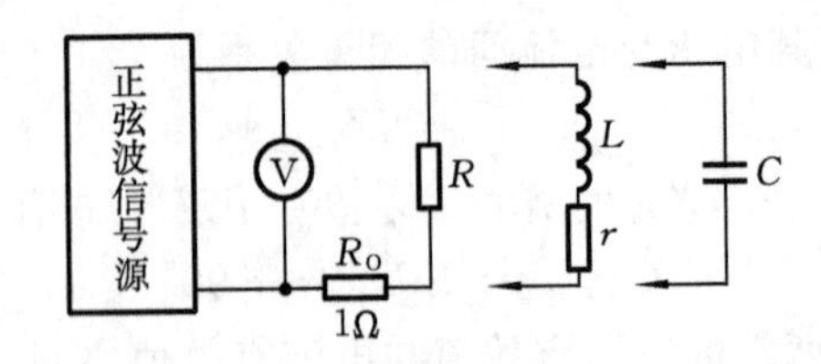

图 1-10-2 *RLC* 元件在交流电路中的特性实验电路

量 R_0上的电压为 5.3 mV，则流过它的电流即为 5.3 mA。

③ 保持正弦波信号源输出电压为 3 V，调节输出频率为 10 kHz，重复测量通过各元件电流及并联后的总电流，并将结果填入表 1-10-1 中，注意观察频率增高后各支路电流及总电流的变化情况。

④ 仍保持正弦波信号源输出电压为 3 V，调节输出频率为 20 kHz，重复测量各元件电流及并联后总电流，将测量结果填入表 1-10-1 中，注意观察频率变化后，通过各元件电流的变化，说明各元件阻抗与频率的关系。

表 1-10-1 测试数据（U=3 V，保持不变）

		2 kHz	10 kHz	20 kHz
$R=600\ \Omega$	I_R			
	R			
$L=10$ mH	I_L			
	Z_L			
$C=0.1\ \mu F$	I_C			
	X_C			
I				

四、实验设备

正弦波信号源，真空管（或晶体管）电压表一块，动态电路实验单元板一块，频率计一台，导线若干。

五、实验报告

① 根据实验结果，说明 R、L、C 元件在交流电路中的特性。

② 试说明在正弦信号作用下，R、L、C 并联电路中各支路电流及总电流的关系。并根据实验结果，画出在不同频率下信号源电压及各电流的相量图。

③ 回答问题。

a. 电容的容抗及电感的感抗与哪些因素有关？

b. 直流电路中电容和电感的作用如何？

六、注意事项

为取得良好的实验效果，在改变电源频率时，要随时注意输出电压的指示。当输出电压随频率调节发生变化时，一定要调节输出旋钮使电压的值保持不变。

七、复习要求

复习 R、L、C 元件在交流电路中的伏安关系。

实验十一　串联谐振电路实验

一、实验目的

① 测量 RLC 串联电路的谐振曲线，通过实验进一步掌握串联谐振的条件和特点；

② 研究电路参数对谐振特性的影响。

二、实验原理

在图 1-11-1 所示 RLC 串联电路中，若取电阻 R 两端的电压 U_2 为输出电压，则该电路输出电压与输入电压之比为

$$\frac{\dot{U}_2}{\dot{U}_1}=\frac{R}{R+\mathrm{j}\left(\omega L-\frac{1}{\omega C}\right)}=\frac{R}{\sqrt{R^2+\left(\omega L-\frac{1}{\omega C}\right)^2}}\angle \arctan\frac{\omega L-\frac{1}{\omega C}}{R}$$

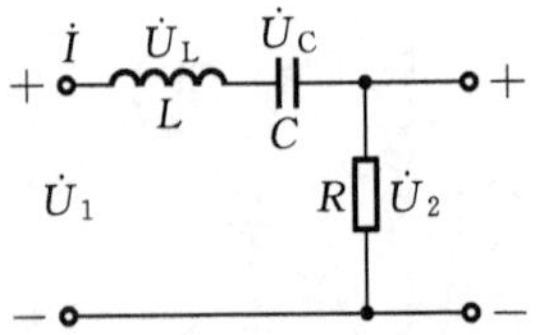

图 1-11-1　RLC 串联电路

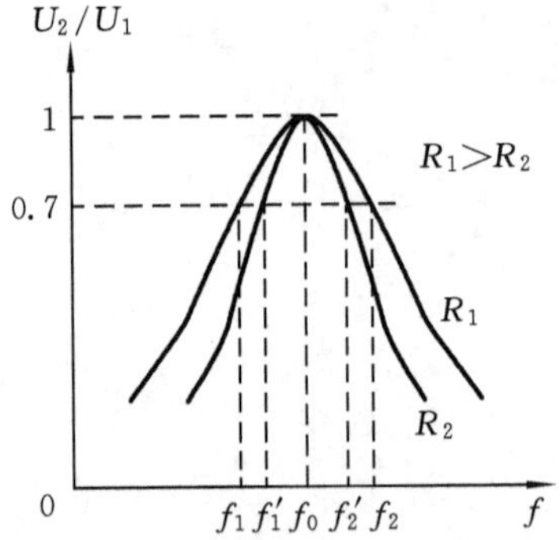

图 1-11-2　串联电路的幅频特性

由上式可知，输出与输入电压之比是角频率的函数，当频率很高和频率很低时，比值都将趋于零；而在某一频率 ω_0 时，可使 $\omega_0 L=\frac{1}{\omega_0 C}$ 输出电压与输入电压之比等于 1，电阻 R 上的电压等于输入电源电压并达到最大值，把具有这种性质的函数称为带通函数，该网络称为二阶带通网络。

二阶带通网络输出电压与输入电压的振幅比是频率的函数的性质，称为该网络的幅频特性，如图 1-11-2 所示。出现尖峰的频率 ω_0 称为中心频率或谐振频率。此时，电路的电抗为零，阻抗值最小，等于电路中的电阻，电路成为纯电阻性电路，

并且电路中的电流达到最大值，电流与输入电压同相位。我们把电路的这种工作状态称为串联谐振。电路达到谐振状态的条件是

$$\omega_0 L = \frac{1}{\omega_0 C} \quad 或 \quad \omega_0 = \frac{1}{\sqrt{LC}}$$

改变角频率 ω 时，振幅比随之变化，当振幅比下降到 $\frac{1}{\sqrt{2}} = 0.707$ 时，对应的两个频率 ω_1、ω_2（或 f_1 和 f_2）称为 3 dB 频率。两个频率之差为 BW，即

$$BW = \omega_2 - \omega_1$$

BW 称为该网络的通频带宽，理论上可以推出通频带宽为

$$BW = \omega_2 - \omega_1 = \frac{R}{L}$$

由上式可知网络的通频带宽取决于电路的参数。

RLC 串联电路幅频特性曲线的陡度，可以用品质因数 Q 来衡量，Q 的计算公式为

$$Q = \frac{\omega_0}{BW} = \frac{\omega_0 L}{R} = \frac{1}{\omega_0 CR}$$

可见，品质因数 Q 也是由电路的参数决定的。当 L 和 C 一定时，电阻 R 越小，Q 值越大，通频带宽也越窄。反之，电阻 R 越大，品质因数 Q 越小，通频带宽也越宽。如图 1-11-2 所示，$R_1 > R_2$ 电路发生串联谐振时，$X_L = X_C$，$Z = R_2$，则

$$BW_1 = \omega_2 - \omega_1 > BW_1 = \omega_2 - \omega_1$$

$$\dot{I} = \frac{\dot{U}_1}{Z} = \frac{\dot{U}_1}{R}$$

$$\dot{U}_R = \dot{I}R$$

$$\dot{U}_L = \mathrm{j}\dot{I} \cdot X_L = \mathrm{j}\dot{I}\omega_0 L = \mathrm{j}\frac{\dot{U}_1}{R} \cdot \omega_0 L = \mathrm{j}Q\dot{U}_1$$

当 $X_L = X_C > R$ 时，$U_L = U_C \gg U_1$，即电感和电容两端电压将远远高于电源输入电压。串联谐振电路的这一特点，在电子技术通信电路中得到广泛的应用，而在电力系统中则应避免由此而引起的过压现象。

三、实验内容及步骤

① 本实验电路可用导线连接组成如图 1-11-3 所示电路，图中 $L = 33$ mH，$C = 0.01$ μF，$R = 620$ Ω，r 为电感线圈的电阻。

② 调节正弦信号源输出，使 $U_1 = 3$ V，接入电路，调节信号源频率输出，观测 U_2 输出电压的变化，找到使 U_2 达到最大值的频率，此频率就是使电路达到谐振状态的谐振频率。将此频率和测量的 U_2 和 U_L 的值填入表 1-11-1 的中间部分，然后在谐振频率之下和谐振频率之上分别选 4～5 个测量点，将测量的频率值和电压值

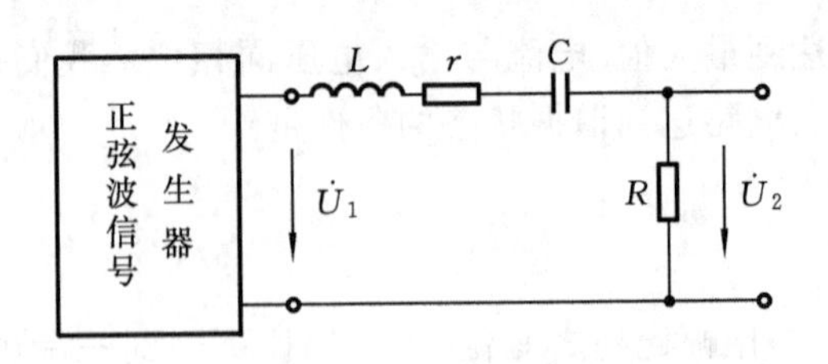

图 1-11-3 *RLC* 串联电路

填入表 1-11-1 中。注意，每次调节频率之后，都应用毫伏表测量一下信号源的电压输出，如电压有变化，则应将电压调整到原值(3 V)，否则会影响实验的准确性。

表 1-11-1 串联谐振实验数据(R=620 Ω)

频率/kHz									
U_2/V									
U_C/V									
U_L/V									

③ 将图 1-11-3 中的电阻改为 1 300 Ω，重复上面步骤，并把所测量的数据填入表 1-11-2 中。

表 1-11-2 串联谐振实验数据(R=1 300 Ω)

频率/kHz									
U_2/V									
U_C/V									
U_L/V									

四、实验仪器

正弦波信号发生器，交流毫伏表一台，动态电路单元板一块，频率计一台，导线若干。

五、实验报告

① 根据表 1-11-1 和表 1-11-2 中的数据绘制 *RLC* 串联电路的谐振曲线。

② 计算实验电路的通频带宽 *BW*、谐振频率和品质因数 Q，并与实际测量值相比较，分析产生误差的原因。

③ 回答下列问题。

a. 实验中怎样判断电路已经处于谐振状态？

b. 通过实验获得的谐振曲线分析电路参数对它的影响。

c. 怎样利用表 1-11-1 中的数据求得电路的品质因数 Q?

六、复习要求

掌握 RLC 串联电路的基本原理,理解串联谐振曲线的含义。

实验十二 改善功率因数实验

一、实验目的

① 掌握日光灯电路的工作原理及电路连接方法；

② 通过测量电路功率，进一步掌握功率表的使用方法；

③ 掌握改善日光灯电路功率因数的方法。

二、实验原理

1. 日光灯电路及工作原理

日光灯电路主要由日光灯管、镇流器、启辉器等元件组成，电路如图 1-12-1 所示。

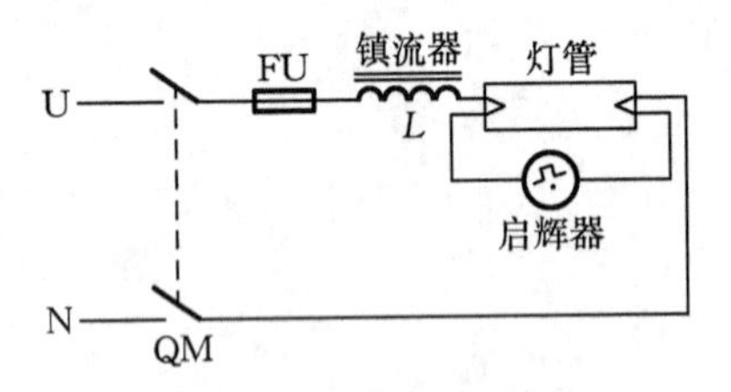

图 1-12-1 日光灯电路

灯管两端有灯丝，管内充有惰性气体（氩气或氪气）及少量水银，管壁涂有荧光粉。当管内产生弧光放电时，水银蒸气受激发，辐射大量紫外线，管壁上的荧光粉在紫外线的激发下，辐射出接近日光的光线，日光灯的发光效率比白炽灯高一倍多，是目前应用最普通的光源之一。日光灯管产生放电的条件：一是灯丝要预热并发射热电子；二是灯管两端需要加一个较高的电压使管内气体击穿放电，通常的日光灯管本身不能直接接在 220 V 电源上使用。

启辉器有两个电极，一个是双金属片，另一个是固定片，两极之间并有一个小容量电容器。一定数值的电压加在启辉器两端时，启辉器产生辉光放电，双金属片因放电而受热伸直，并与静片接触；而后启辉器因动片与静片接触停止放电，冷却且自动分开。

镇流器是一个带铁心的电感线圈。

电源接通时，电压同时加到灯管两端和启辉器的两个电极上，对灯管来说，因电压低不能放电，但对启辉器，此电压则可以启辉、发热，并使双金属片伸直与静片接触。于是有电流流过镇流器、灯丝和启辉器，这样灯丝得到预热并发射电子，经 1～3 s 后，启辉器因双金属片冷却，使动片与静片分开。由于电路中的电流突然中断，镇流器两端便产生一个瞬时高电压，此电压与电源电压迭加后加在灯管两端，将管内气体击穿而产生弧光放电。灯管点燃后，由于镇流器的作用，灯管两端的电压比电源电压低很多，一般在 50～100 V。此电压已不足以使启辉器放电，故双金属片不会再与静片闭合。启辉器在电路中的作用相当于一个自动开关。镇流器在灯管启动时产生高压，有启动前预热灯丝及启动后灯管工作时的限流作用。

日光灯电路实质上是一个电阻与电感的串联电路。当然，镇流器本身并不是一个纯电感，而是一个电感和等效电阻相串联的元件。

2. 功率因数的提高

在正弦交流电路中，只有纯电阻电路，平均功率 P 和视在功率 S 是相等的。只要电路中含有电抗元件并处在非谐振状态，平均功率总是小于视在功率。平均功率与视在功率之比称为功率因数，即

$$pf = \frac{P}{S} = \frac{UI\cos\varphi_2}{UI} = \cos\varphi_2$$

可见功率因数是电路阻抗角 φ_2 的余弦值，并且电路中的阻抗角越大，功率因数越低；反之，功率因数越高。

功率因数的高低反映了电源容量被充分利用的情况。负载的功率因数低，会使电源容量不能被充分利用；同时，无功电流在输电线路中造成损耗，影响整个输电网络的效率。因此，如何提高功率因数成为电力系统需要解决的重要课题。

实际应用电路中，负载多为感性负载，所以提高功率因数通常用电容补偿法，即在负载两端并联补偿电容器。当电容器的电容量 C 选择合适时，可将功率因数提高到 1。

日光灯电路中，灯管与一个带有铁心的电感线圈串联，由于电感量较大，整个电路的功率因数是比较低的。为提高功率因数，可以在灯管与镇流器串联后的两端并联电容器。

三、实验内容及步骤

① 在实验台选择镇流器与开关、启辉器与熔断器、电流测量插口，并联电容器组等单元板及实验台顶部的日光灯管连接成图 1-12-2 所示电路。

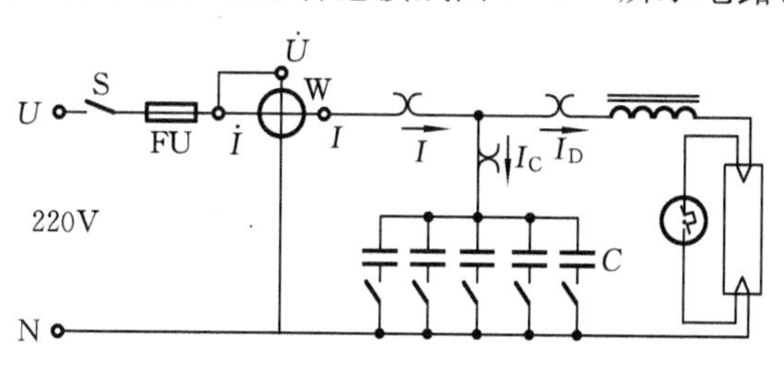

图 1-12-2　日光灯改善功率因数实验电路

② 闭合开关 S，此时日光灯应亮，如用并联电容器组完成本实验，则从 0 逐渐增大并联电容器，分别测量总电流 I、I_D，电容器电流 I_C，功率 P。将数值填入表

1-12-1并做相应计算(测量 P 计算 $\cos\varphi$)。

表 1-12-1　不同电容时功率因数实验数据

测量项目 \ 电容/μF	0					
U/V						
I/mA						
I_C/mA						
I_D/mA						
P/W						
$\cos\varphi=\frac{P}{UI}$						

③ 若并联动态电路板上 4 μF 电容器完成本实验，则应在并联电容器前，测量灯管两端电压 U_D，镇流器两端电压 U_L，总电流 I(此时等于通过灯管的电流)及总功率 P 和灯管所消耗的功率 P_D，将数据填入表 1-12-2。然后，并联 4 μF 电容器，除再测量上述数据外，还应测量通过电容器的电流 I_C和通过灯管中的电流 I_D，测量日光灯管消耗功率 P_D的电路图，如图 1-12-3 所示。将数据填入表 1-12-2 中，并做相应计算。

表 1-12-2　功率因数改善比较实验数据

电容/μF \ 测量项目	I	I_D	I_C	U	U_D	U_L	P	P_D	$\cos\varphi=\frac{P}{UI}$
并联前(0)									
并联后(4 μF)									

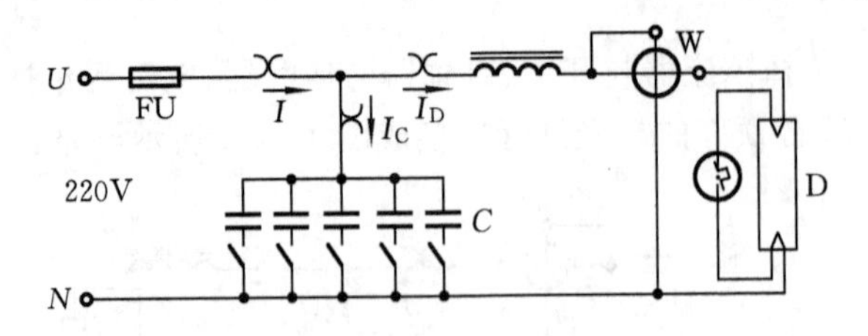

图 1-12-3　日光灯电路测量灯管功率

四、实验设备

日光灯管座 40 W 一套，镇流器，开关单元板一块，熔断器，启辉器单元板一块，电容器组单元板，交流电流表一块，交流电压表一只，功率表一块，导线若干。

五、实验报告

① 根据表 1-12-1 中的数据，在坐标纸上绘出 $I_D=f(C)$，$I_C=f(C)$，$I=f(C)$，$\cos\varphi=f(C)$等曲线。

② 从表 1-12-1 和表 1-12-2 的测量数据中，求出日光灯等效电阻、镇流器等效电阻、镇流器电感。

③ 回答问题。

a. U_L和U_D的代数和为什么大于U?

b. 并联电容器后，总功率 P 是否变化？为什么？

c. 为什么并联电容器后总电流会减少？绘出相量图说明。

六、复习要求

复习日光灯的工作原理及功率改善的方法。

实验十三　三相电路及功率的测量

一、实验目的

① 学习三相电路中负载的星形和三角形连接方法；

② 通过实验验证对称负载做星形和三角形连接时，负载的线电压U_L和相电压U_P、负载的线电流I_L和相电流I_P间的关系；

③ 了解不对称负载做星形连接时中线的作用；

④ 学习用三瓦特计法和二瓦特计法测量三相电功率。

二、实验原理

① 当对称负载作星形连接时，其线电压和相电压，线电流和相电流之间的关系为

$$U_L = \sqrt{3}U_P, \quad I_L = I_P$$

做三角形连接时，它们的关系为

$$U_L = U_P, \quad I_L = \sqrt{3}I_P$$

三相总有功功率为

$$P = 3P_P = \sqrt{3}U_L P_L \cdot \cos\varphi$$

② 不对称负载做星形连接时，若不接中线，则负载中点N′的电位与电源中点N的电位不同，负载上各相电压将不相等，线电压与相电压$\sqrt{3}$倍的关系遭到破坏。在三相负载均为白炽灯负载的情况下，灯泡标称功率最小（电路电阻最大）的一相其灯泡最亮，相电压最高；灯泡标称功率最大（电阻最小）的一相其灯泡最暗，相电压最低。在负载极不对称的情况下，相电压最高的一相可能将灯泡烧毁。倘若有了中线，由于中线阻抗很小，而使电源中点与负载中点等电位，则因电源各相电压是对称相等的，从而保证了各相负载电压是对称相等的。也就是说，对于不对称负载中线是不可缺少的。

③ 三相有功功率的测量方法有三瓦特计法和二瓦特计法两种。三瓦特计法，通常用于三相四线制，该方法是用三个瓦特计分别测量出各相消耗的有功功率，其接线图如图1-13-1所示。三瓦特计所测功率数的总和，就是三相负载消耗的总功率。

二瓦特计法通常用于测量三相三线制负载功率，其接线如图1-13-2所示。不

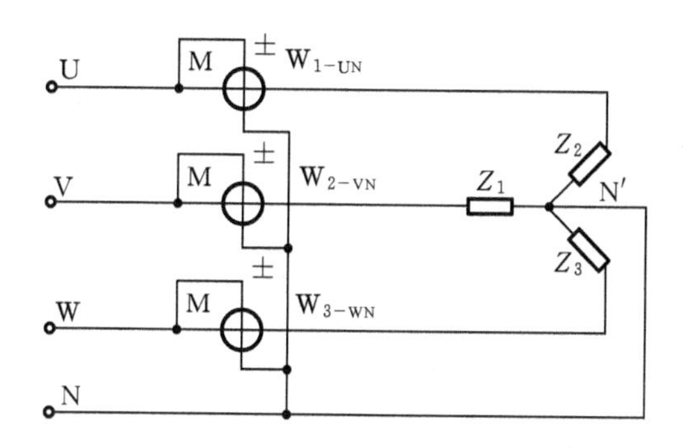

图 1-13-1 三瓦特计法测量三相功率

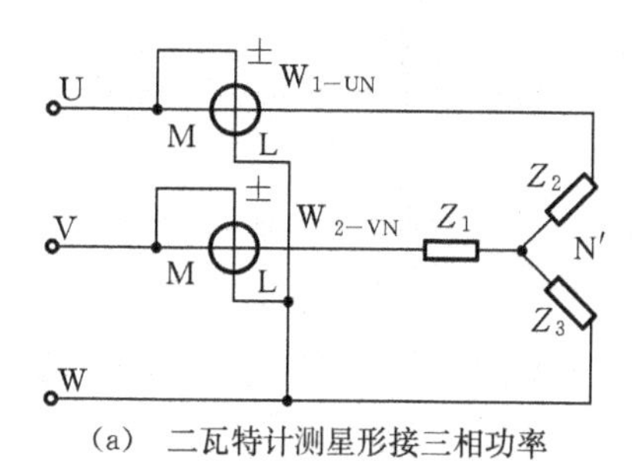

(a) 二瓦特计测星形接三相功率

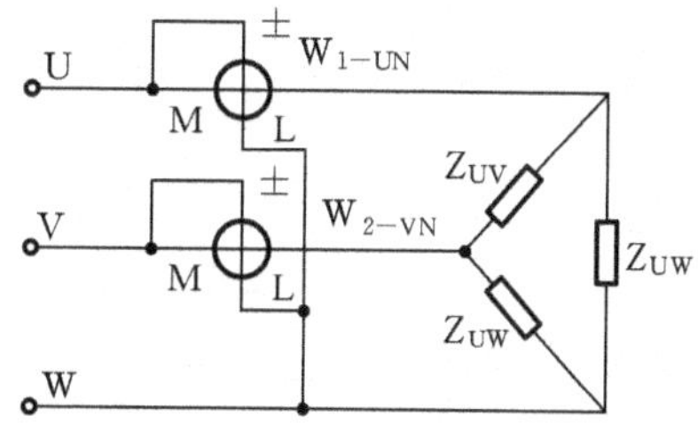

(b) 二瓦特计测三角形接三相功率

图 1-13-2 二瓦特计法测量三相功率

论负载对称与否,两个瓦特计的读数分别为

$$W_{1-UN}=I_U U_{UN}\cos(\varphi-30^\circ)=I_L U_L\cos(\varphi-30^\circ)$$

$$W_{2-VN}=I_V U_{VN}\cos(\varphi+30^\circ)=I_L U_L\cos(\varphi+30^\circ)$$

式中:φ 为负载的功率因数角。

三相总功率为两个瓦特计读数的代数和。当 $\varphi<60^\circ$时,两个表读数均为正值,总功率为两瓦特计读数之和;当 $\varphi>60^\circ$时,其中一个表读数为负值,总功率为两个瓦特计读数之差。本实验负载为白炽灯泡,接近纯电阻性负载,$\varphi=60^\circ$,故二瓦特计读数为正值,三相总功率为两个瓦特计读数之和。

为充分利用仪表,保证仪表的安全使用和更方便地进行测量,本实验中将电流表、电压表和功率表接成为图 1-13-3 所示电路。这样便可以用一个瓦特计、一个电流表和一个电压表同时测量各线(相)的电流、电压和电功率。用这个测量电路进行测量时,只要将电流测量插口插入待测电路的电流插口中,并将电压表笔接到待测

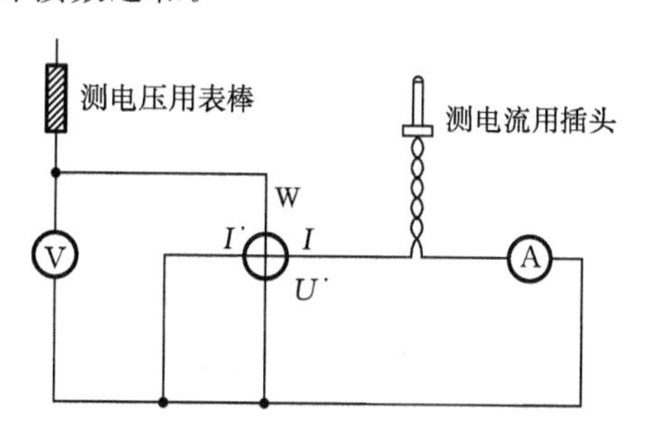

图 1-13-3 仪表测量电路

电压接点上，就可同时读出电流、电压和电功率，使用十分方便。

三、实验内容及步骤

1. 星形连接负载

① 把电流表、电压表接成图 1-13-3 所示的仪表电路。

② 选取灯泡负载单元板，电流测量插口单元板及三相负荷开关单元板，安放在实验台架的合适位置上，按图 1-13-4 将电灯泡负载接成星形连接的实验电路。

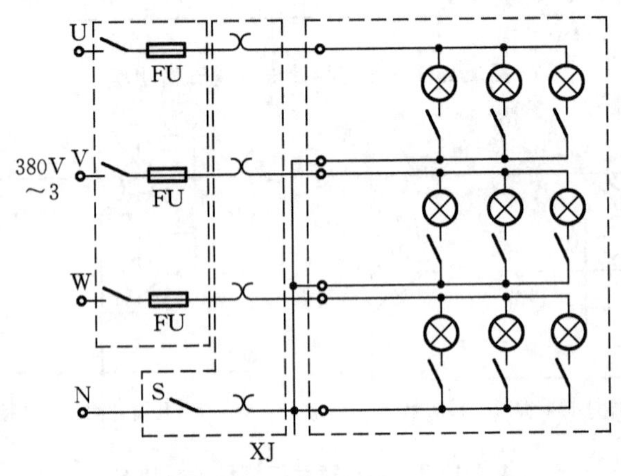

图 1-13-4 星形负载接法实验电路

③ 每相均开 3 盏灯(对称负载 Y_N)。

④ 测量各线电压、线电流、相电压、中线电流及用三瓦特计法和二瓦特计法测量三相电功率，并将所测得的数据填入表 1-13-1 中。

表 1-13-1 星形负载连接实验数据

测量数据 负载情况		线电压/V			相电压/V			线电流/A			I_N /mA	$U_{NN'}$ /V	P/W
		U_{UV}	U_{VW}	U_{WU}	U_{UN}	U_{VN}	U_{WN}	I_U	I_V	I_W			
Y_N	对称												
	不对称												
Y	对称												
	不对称												

⑤ 将三相负载分别改为 1、2、3 盏灯，接上中线，观察各灯泡亮度是否有差别，然后拆除中线(断开串联在中线上的开关 S)，再观察各灯泡亮度是否有差别。重复④的测量内容并测量无中线时(Y)电源中性点 N 与负载中性点 N′之间的电位差 $U_{NN'}$，将测量数据填入表 1-13-1 中。在断开中线时，观察亮度及测量数据，动作

要迅速。不平衡负载无中线时，有的相电压太高，容易烧毁灯泡。

2. 三角形接法负载

① 按照图 1-13-5 连接三角形负载的实验电路，注意此时需要三相调压电源，将线电压调为 220 V。

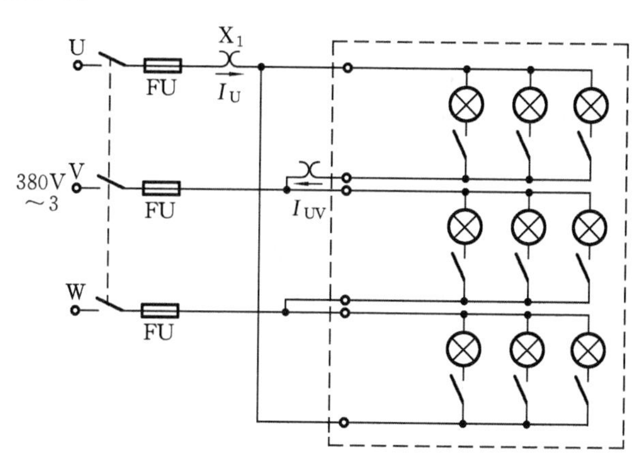

图 1-13-5　三角形接法负载实验电路

② 每相开 3 盏灯(对称负载)，测量各线电压、线电流、相电流及用三瓦特计法测功率和用二瓦特计法测功率，将测量数据填入表 1-13-2 中。

③ 关闭部分灯泡。使每相负载分别为 1、2、3 盏(非对称负载)，重复步骤②的内容，并将测量数据填入表 1-13-2 中。

④ 如实验室无三相调压器，也可将三个灯泡或两个灯泡串联成三角形接法实验。

表 1-13-2　三角形实验数据

负载情况＼测量数据		相电压＝线电压/V			线电流/A			相电流/A		
		U_{UV}	U_{VW}	U_{WU}	I_U	I_V	I_W	I_{UV}	I_{VW}	I_{WU}
三角形连接	对称									
	不对称									

四、实验设备

三相白炽灯负载单元板，电流测量插口单元板，三相负荷开关单元板，交流电压、电流表、瓦特表，三相调压器等。

五、实验报告

① 整理实验数据，说明在什么条件下具有 $I_L=\sqrt{3}I_P$，$U_L=\sqrt{3}U_P$的关系。

② 中线的作用是什么？什么情况下可以省略？什么情况下不可以省略？

③ 能否用二瓦特计法测三相四线制不对称负载的功率？为什么？

六、注意事项

使用瓦特计时，应参照仪表说明书，注意仪表的接法和读数方法。无论流过电流线圈的电流，还是加在电压线圈上的电压，均不应超过额定值，否则会产生瓦特表的指针虽没有超过满刻度，却损坏了瓦特表内部线圈的事故。

七、复习要求

① 复习三相交流电路的有关内容。分析三相星形连接（对称、不对称）时，在无中线情况下，当某相负载开路或短路时会出现什么情况；如果接上中线，情况如何？

② 画出负载做星形和三角形连接时的实验电路图。

实验十四　单相变压器实验

一、实验目的

① 巩固判别绕组端点同名端(相对极性)的方法;

② 测定变压器空载特性,并通过空载特性曲线判定磁路的工作状态;

③ 测定变压器外特性;

④ 学习通过变压器短路实验测量变压器铜损的方法。

二、实验原理

1. 变压器绕组同名端的判定

掌握有磁的相互联系的各绕组间的同名端,是进行绕组间相互连接的前提。例如,一台变压器有多个原绕组和副绕组需要串联或并联使用时,几个变压器绕组间需要串联或并联使用时;三相变压器绕组间需要接成不同接线组别时,为使连接正确,必须首先判定各绕组的同名端(也称相对极性)。

本实验将通过最经常使用的交流电压表法,判定单相变压器原、副绕组的同名端,以巩固学习成果,实验方法如图 1-14-1 所示。

先将两绕组各一个端点(如端点 2 与 4)相连。在端点 1 和 2 间加交流电压U_{12},再用电压表测量 1 与 3、3 与 4 间的电压 U_{13}和 U_{34}。若 $U_{13}=U_{12}+U_{34}$,则可判定 2 和 4 是异名端相连。若 $U_{13}=U_{12}-U_{34}$,则可判定 2 和 4 是同名端相连。

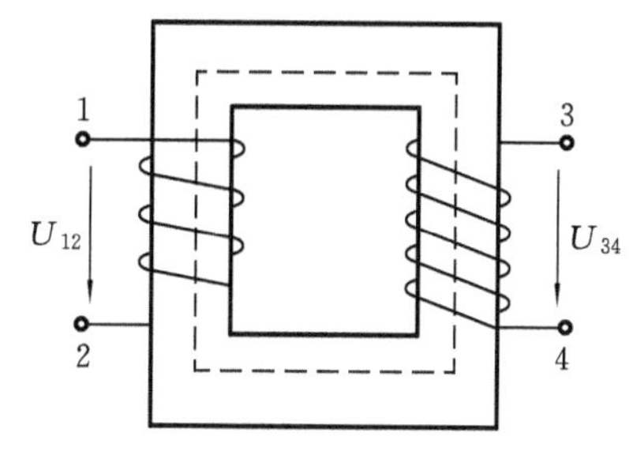

图 1-14-1　变压器绕组间的相对极性

2. 变压器的空载实验

变压器原边加额定电压,副边开路的工作状态称为变压器空载。空载实验测得的电流称为空载电流 I_0,测得的功率 P_0称为空载损耗。通常变压器空载电流很小,$I_0\approx(5-12)\%I_e$,故空载损耗 $P_0=P_{CuO}+P_{Fe}=I_0^2R_1+P_{Fe}\approx P_{Fe}$,$P_{Fe}$可以认为是铁心损耗(涡流损耗和磁滞损耗)。

变压器的变比是在空载时测定的,变比 $\kappa=\dfrac{U_1}{U_{20}}$,其中,$U_{20}$为副边空载时的电压。

变压器空载时，原边电压U_1与空载电流I_0的关系：$I_0=f(U_1)$称为空载特性曲线，如图1-14-2所示。空载特性和铁心的磁化曲线是一样的。空载特性可以反映变压器磁路的工作状态。磁路工作的最佳状态是空载电压等于额定电压时，工作点在空载特性曲线的接近饱和而又没有达到饱和状态的拐点处，如图1-14-2中的A点所示。如果工作点偏低，(如图中的B点)空载电流很小，说明磁路远离饱和状态，可以适当减少铁心的截面或适当减少线圈匝数。如果工作点偏高(如图中C点)，空载电流太大，则说明磁路已达到饱和状态，应适当增大铁心截面或适当增加绕组的匝数。

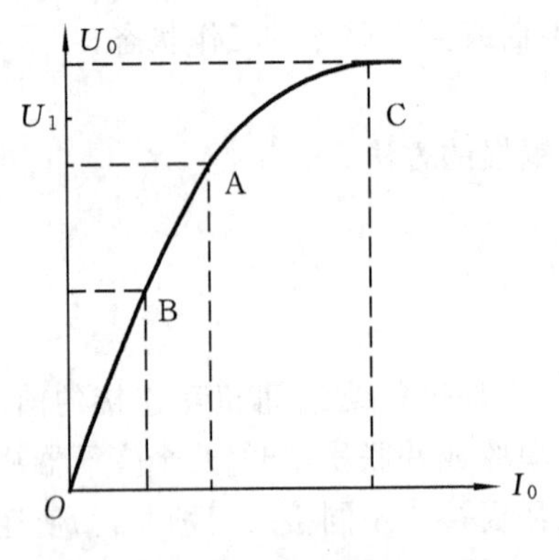

图1-14-2 变压器空载特性曲线

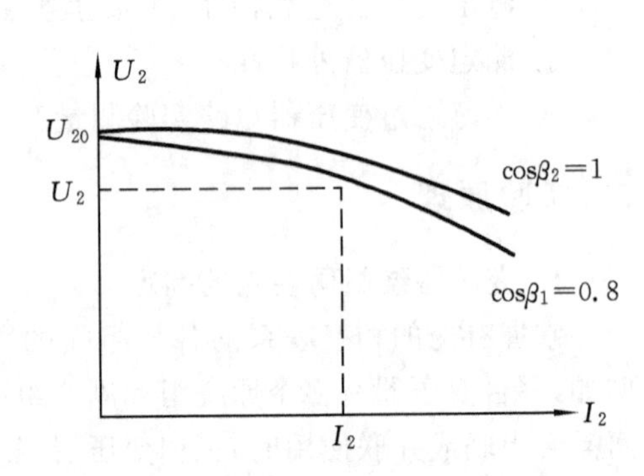

图1-14-3 变压器的外特性

3. 变压器的外特性实验

变压器原、副绕组都具有内阻抗，即使原边电源电压U_1不变，副边电压U_2也将随负载电流I_2的变化而变化。在U_1一定，负载功率因数$\cos\varphi_2$不变时，U_2与I_2的关系：$U_2=f(I_2)$称为变压器的外特性，对于电阻性或电感性负载，随负载电流I_2的增大而U_2减少，如图1-14-3所示。

4. 变压器的短路实验

短路实验是将变压器副边短路，原边加较低的电压，使副边电流达到额定值情况下所进行的实验。实验中原边所加电压U_1称为短路电压，短路实验所测得的功率损耗P_K称为短路损耗，即

$$P_K=I_{1K}{}^2\cdot R_1+I_{2K}{}^2\cdot R_2+P_{FeK}$$

因为短路电压很低，铁心中的磁通密度与其所加额定电压相比小很多($B_m\infty U_1$)，故短路实验时铁损是很小的，可以认为短路损耗就是变压器额定运行时的铜损耗。即

$$P_K\approx P_{Cu}$$

从变压器空载、短路实验测得的铁损和铜损，可以求得变压器额定运行时的效率为

$$\eta=\frac{P_2}{P_2+P_{Fe}+P_{Cu}}\times 100\%$$

三、实验内容及步骤

① 判别变压器原副绕组的同名端(相对极性)。

② 空载实验。

按图 1-14-4 接线，本实验中空载实验采用从低压边做的方法，即从副绕组(低压边)加电压 110 V，原绕组开路。

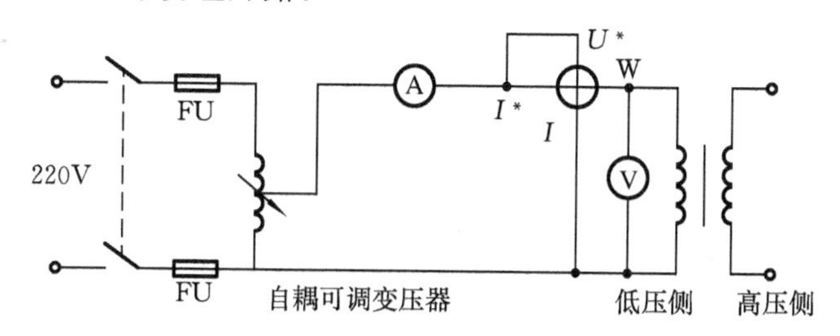

图 1-14-4　空载实验

调节自耦调压器使输出电压为低压额定值并测高压侧电压 U_O，低压测空载电流 I_{2O}，空载损耗 P_O，计算变比 κ，填入表 1-14-1 中。

表 1-14-1　空载实验数据

U	U_O	$\kappa=U_O/U$	I_O	P_O
110 V				

将电压升高到 1.1U，然后逐渐降低至 0.2U 为止，取 7～9 个点，读取相应的电压、电流和功率，填入表 1-14-2 中。

表 1-14-2　空载特性曲线测试数据

测量项目	1	2	3	4	5	6	7	8	9
U/V									
I_O/A									
P_O/W									

注意：因变压器空载时功率因数很低(约 0.2)，所以测取功率时应选用低功率因数功率表。

③ 测定变压器的外特性(电阻性负载)。

按图 1-14-5 连接线路，用自耦调压器维持单相变压器原边电压 220 V 始终不变。从空载起至副边电流达额定值为止，在此范围内读取五六个点数据(包括空载点和满载点)，记录在表 1-14-3 中。

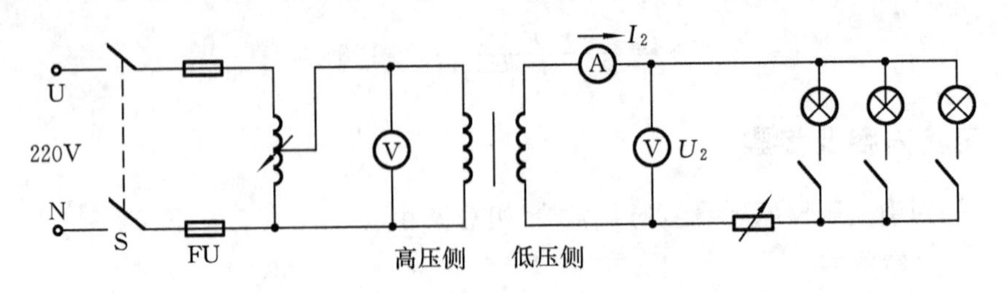

图 1-14-5 外特性测试实验

表 1-14-3 变压器外特性实验数据

测量项目	1	2	3	4	5	6	7
U_2/V							
I_2/A							

④ 短路实验。

用导线将副边短路，按图 1-14-6 接线。

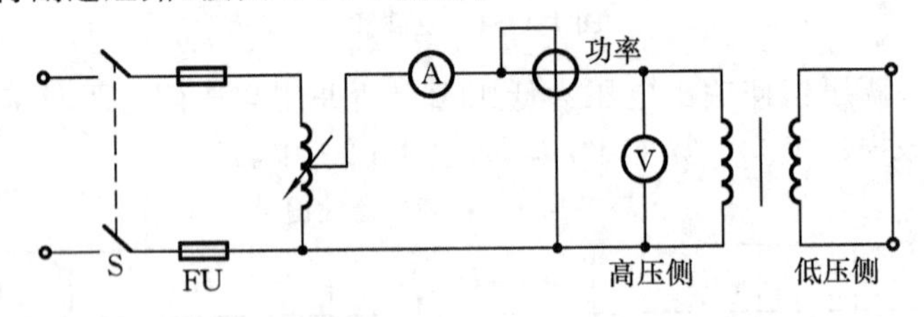

图 1-14-6 短路实验

由于短路电压一般都很低，只有额定电压的百分之几，所以调压器一定要旋到零位才能闭合电源开关。然后逐渐增加电压，使短路电流达到高压侧额定电流值。测定此时的电压、电流和功率的数值，填入表 1-14-4 中。

表 1-14-4 短路实验数据

测量项目	U_K	I_K	P_K
数据			

四、实验设备

自耦调压器(包括指示电压表、熔断器)一套，交流电流表三块，低功率因数瓦特表一块，单相变压器(220 V・A、220/110 V)一台，导线若干，灯箱负载三块，滑线电阻器一只。

五、实验报告

① 根据测量数据计算变比。

② 绘制本台变压器空载特性及外特性曲线。

③ 根据外特性曲线，求出满载时的电压变化率。

④ 回答问题。

a. 根据你所绘制的空载特性曲线，说明你所使用的变压器副边匝数设计得是否合理，为什么。

b. 一台变压器铭牌丢失，不知原边的额定电压是多少，你能否通过实验作出正确判定？

六、复习要求

复习变压器空载特性、外特性曲线的含义，并根据曲线判断磁路的工作状态。

实验十五　三相异步电动机顺序控制实验

一、实验目的

① 研究电动机顺序控制环节的电路原理；

② 连接顺序控制的应用电路，操作并观察对两台电动机进行顺序控制的工作过程。

二、实验原理

1. 顺序控制环节

在实验生产过程中，对异步电动机的控制经常会提出很多要求，除自锁、联锁、时间等环节的控制外，顺序控制环节就是其中重要的一种。例如，有时要求几台电动机配合工作或一台电动机有规律地完成多个动作，按照这些要求实现的控制称为次序控制，又称为顺序控制。

在机床控制电路中，为保证主轴的正常工作，必须事先做好润滑准备。这就要求在主轴拖动电动机工作之前，事先启动油泵润滑电动机，油泵电动机不启动，主轴电动机就不能单独启动；并且要求只要主轴电动机不停止运转，油泵电动机可以单独启动，而主轴电动机可以单独停车。

为实现上述顺序控制的功能，可把控制油泵电动机工作的接触器常开触头串接在主轴电动机接触器线圈电路中。这样，只要油泵电动机接触器线圈不通电，其常开触头不闭合，主轴电动机接触器线圈就不可能通电启动，从而满足了油泵电动机要先于主轴电动机启动的要求。另外，还要在油泵电动机控制电路的停止按钮两端并联上主轴电动机接触器的常闭触头，这样就可以满足只有主轴电动机停止运行才能使油泵电动机停上运行的要求；否则，即使按下油泵电动机的停止按钮，油泵电动机也不会停止运行。

2. 实现两台电动机顺序控制的继电接触控制电路

满足上述主轴电动机和油泵电动机间顺序控制的电路如图 1-15-1 所示。图中接触器 C_1 用来控制油泵电动机，C_2 用来控制主轴电动机，SB_1 和 SB_3 分别为油泵电动机和主轴电动机的启动按钮，SB_2 和 SB_4 分别为油泵电动机和主轴电动机的停止按钮。

此电路的工作过程是：按下油泵电动机启动按钮 SB_1，控制它的接触器线圈 C_1 得电，油泵电动机启动运行，它的辅助常开触头 C_1 闭合，为主轴电动机接触器线圈

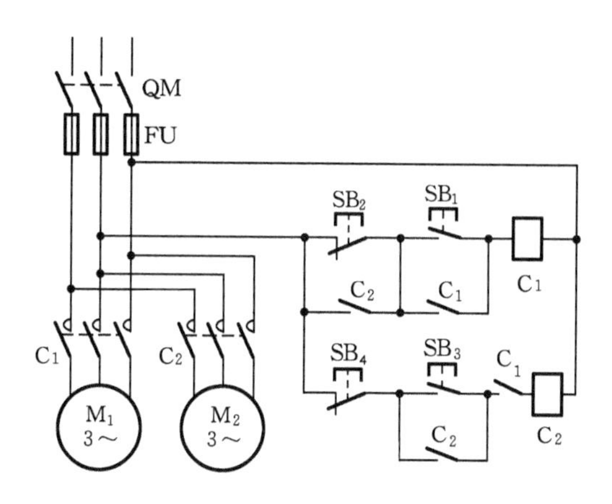

图 1-15-1 三相异步电动机的顺序控制电路

C_2得电做好准备。按下主轴电动机的启动按钮 SB_3，主轴电动机接触器线圈 C_2得电，主轴电动机运转，机床可以工作。显然如果在油泵电动机工作之前按下启动按钮 SB_3，主轴电动机是不能启动的，因为串联在 C_2线圈电路中的常开触头 C_1还没有闭合。

停车时，只有先按按钮 SB_4，使主轴电动机接触器线圈 C_2失电，主轴电动机停止运行，其常开触头 C_2断开，再按按钮 SB_2油泵电动机才能停止运行。在主轴电动机没有停转的情况下，按按钮 SB_2是不能使油泵电动机停止运行的，因为此时接触器C_2线圈没有失电，和按钮 SB_2并联的常开触头 C_2是闭合的。

对顺序控制的要求因生产过程的不同而不同，完成顺序控制功能的电路是多种多样的，以上仅是一个最简单的例子，其目的是使读者掌握顺序控制的基本思路，以便灵活应用。

三、实验内容及步骤

① 分析电路图，弄清各元件的作用及动作顺序。

② 按图 1-15-1 接好电路(两台电动机接触器下口先不与电动机接线)。

③ 经检查无误后，按顺序依次闭合实验台上的漏电保安开关、自动空气开关、三相负荷开关，为电动机启动做电源准备工作。

④ 对连接好的控制电路进行顺序启动(先按按钮 SB_1后按按钮 SB_3)，顺序停车(先按按钮 SB_1后按按钮 SB_3)操作。观察各接触器的动作情况与要求是否一致。

⑤ 不按顺序启动和顺序停车的要求进行启动和停车，(先按按钮 SB_2再按按钮 SB_1、先按按钮 SB_3再按按钮 SB_4)观察各元件动作情况是否满足预定要求。

⑥ 控制电路工作完全正常后，将两台电动机与接触器下口接好，重复步骤④、⑤中的操作，观察两台电动机的动作过程是否与控制要求相符合。

四、实验设备

三相交流异步电动机两台，三相负荷开关单元板一块，交流接触器单元板一块，按钮开关单元板两块。

五、实验报告

① 绘制电路原理图。

② 有四台电动机，要求：

a. M_1、M_2、M_3、M_4按顺序启动；

b. M_4启动后，M_2要停止运行。试画出控制电路并分析工作原理。

六、复习要求

分析两台电动机顺序工作的基本原理，掌握电动机、交流接触器的结构及使用方法。

实验十六　三相异步电动机Y—△启动控制实验

一、实验目的

① 了解时间继电器的作用及空气阻尼式时间继电器的结构、原理和使用方法；
② 掌握Y—△启动的原理，继电接触控制电路的接线和操作。

二、实验原理

1. 空气阻尼式时间继电器

时间控制环节，是生产过程中需要关注的一个重要环节。时间继电器就是一种具有延时作用，可用于按照所需时间的次序或间隔来接通或断开控制电路的一种电器。

时间继电器的种类很多，空气阻尼式时间继电器是交流控制电路中比较常用的一种。图1-16-1所示为常用一种继电器的结构示意图。它主要由电磁系统、工作触头、气室和传动机构等部分组成。

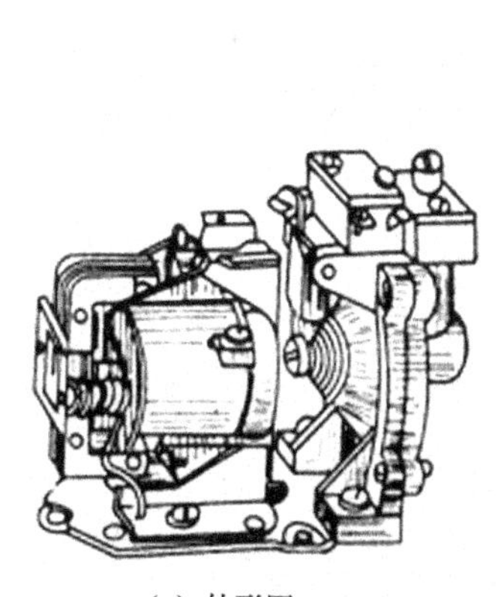

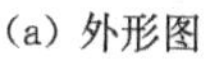

(a) 外形图

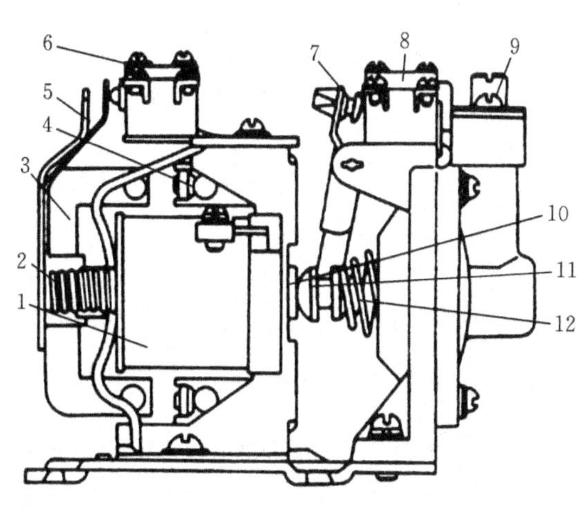

(b) 结构图

图1-16-1　JS7-2A系列空气阻尼式时间继电器结构示意图

1—线圈；2—反力弹簧；3—衔铁；4—静铁心；5—弹簧片；6、8—微动开关
7—杠杆；9—调节螺钉；10—推杆；11—活塞杆；12—宝塔弹簧

时间继电器线圈通电后，衔铁（动铁心）和托板立即被吸下，但是活塞杆和压杆不能立即跟衔铁一起落下，因活塞杆的上端连着气室中的皮膜。当活塞杆在释放弹簧的作用下向下运动时，橡皮膜随之向下凹，使上气室的空气变得稀薄，因此橡皮膜受到下气室的压力，致使活塞杆只能缓慢下降。经过一定时间后，活塞杆下降到一定位置，通过压杆推动延时触头动作（常闭触头打开，常开触头闭合）。从线圈通电到延时触头动作，这一段时间就是时间继电器的延迟时间。

利用调节螺钉改变进气孔的大小，可以改变进气量的快慢。进气量慢，延迟时间长；进气量快，延迟时间短，所以调节进气量的快慢可以调节延迟时间的长短。

线圈断电以后，在恢复弹簧的作用下，衔铁立即复位，活塞杆上移，上气室气压加大，空气经排气孔排出，时间继电器各触点恢复原态。时间继电器除有延时动作的触头之外，往往还装有瞬时动作的触头以作用，使用时注意不要接错。

时间继电器除线圈通电后产生延时作用外，还有线圈断电后产生延时作用的。时间继电器的触头符号与一般继电器不同，如图 1-16-2 所示。

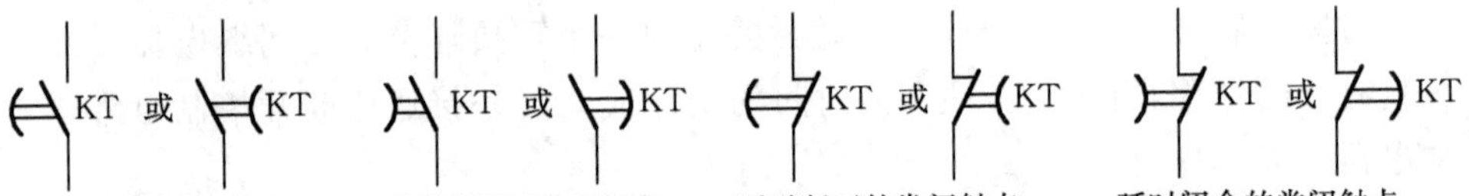

KT 或 KT　　KT 或 KT　　KT 或 KT　　KT 或 KT

延时闭合的常开触点　　延时断开的常开触点　　延时断开的常闭触点　　延时闭合的常闭触点

图 1-16-2　时间继电器的触头符号

2. Y—△变换启动

三相异步电动机启动时，旋转磁场以最大相对转速切割转子导体，在转子中产生感生电动势很高，所以转子电流极大，反应到原边，定子电流可达额定电流的4～7倍。启动电流大会造成电网电压的波动，影响接在同一电网中的其他用电设备的正常工作，频繁启动的电动机会因启动电流的频繁冲击而发热。因此较大容量的电动机必须设法减小启动电流。Y—△变换启动就是一种常用的启动方法，Y—△变换启动只适用于电动机正常运行时的三角形连接的电动机。启动时，将电动机绕组先进行星形（Y）连接，启动后再换接成三角形（△）连接。定子绕组星形连接时，如图 1-16-3(a)所增，各相绕组承受的电压为电源电压的$\frac{1}{\sqrt{3}}$。而做三角形连接时，如图 1-16-3(b)所示，各相绕组承受的电压等于电源电压。因为启动时相电流与所加电压成正比，故 Y 连接时的相电流 $I_{\mathrm{Y}\varphi}$与△连接时的相电流 $I_{\triangle\varphi}$之比为

$$\frac{I_{\mathrm{Y}\varphi}}{I_{\triangle\varphi}}=\frac{\frac{1}{\sqrt{3}}U}{U}=\frac{1}{\sqrt{3}}$$

设 I_{YL}和 $I_{\triangle\mathrm{L}}$分别为 Y 连接和△连接时的线电流，则根据线电流与相电流的关系有

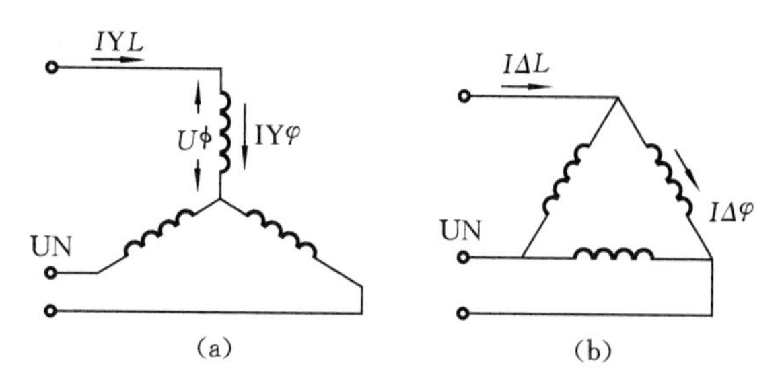

图 1-16-3　Y—△启动时的电流关系

$$I_{YL}=I_{Y\varphi}\quad I_{\triangle L}=\sqrt{3}I_{\triangle\varphi}$$

因此有

$$\frac{I_{YL}}{I_{\triangle L}}=\frac{1}{\sqrt{3}},\quad \frac{I_{Y\varphi}}{I_{\Delta\varphi}}=\frac{1}{\sqrt{3}}\cdot\frac{1}{\sqrt{3}}=\frac{1}{3}$$

上式说明，当定子绕组接成 Y 连接启动时电网电流只等于接成△连接的$\frac{1}{3}$，即减小了启动电流。由于电磁转矩是与电压平方成正比的，采用 Y—△启动相当于降低电压到正常值的$\frac{1}{\sqrt{3}}$，故启动转矩也减至△连接时的$\frac{1}{3}$。

3. Y—△启动的控制电路

Y—△启动控制电路应具有如下功能：电路中具有短路、过载保护；按下按钮后，控制电路先将电动机接成 Y 连接，电动机接近额定转速时，自动将电动机换接成△连接；电动机启动后时间继电器要与电路切断。具体实用电路如图 1-16-4 所示。

主回路包括起短路保护作用的熔断器 FU，起过载保护的热继电器发热元件 KL。负荷开关 QM 闭合后向整个电路提供电源。如接触器常开触头 $C_{\triangle}$ 断开，而常开触头 C_Y 闭合，则三相定子绕组的三个末端接在一起，电动机接成星形；如接触器常开触头 C_Y 断开，$C_{\triangle}$ 闭合，三相定子绕组接成三角形；在 C_Y 或 $C_{\triangle}$ 闭合情况下，若 Q_C 闭合，则电动机做 Y 连接启动或△连接运转。

在控制电路里，第一条支路中有时间继电器的线圈 KT，当其通电时，常闭触头将延时断开。当按下启动按钮 SB_1 时，时间继电器线圈 KT 和接触器线圈 C 同时得电，C_Y 的常开触头闭合；电动机接成 Y 连接，并使接触器 Q_C 线圈得电，电动机做星形连接启动。

为防止此时 $C_{\triangle}$ 线圈得电，造成电源短路故障，在 $C_{\triangle}$ 线圈电路中串有 C_Y 接触器的常闭触头，当 C_Y 常开闭合时，C_Y 常闭触头是断开的。经过预先整定好的延时后，时间继电器常闭触头 KT 断开，切断线圈 C_Y 的电路；因 C_Y 失电，它的常闭触头闭合，使接触器 $C_{\triangle}$ 线圈得电，电动机做三角形连接，并在全压下运转，实现了 Y—△自动换接的降压启动。$C_{\triangle}$ 线圈得电后，它的常闭触头断开，切断了时间继电器线圈电路，使时间继电器停止工作。按下停止按钮 SB_2，线圈 Q_C 失电，主触头及自锁触头断开，电动机停车。

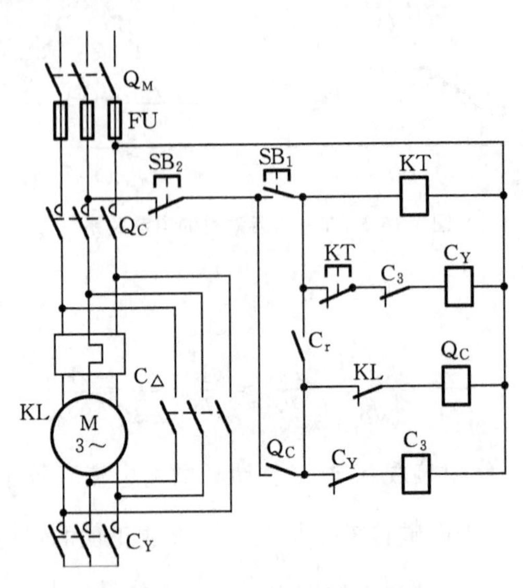

图 1-16-4　Y—△启动控制电路

三、实验内容及步骤

① 弄清各实验电路板、电动机的接线方法和电路图中各接触器、继电器的动作顺序。

② 按图 1-16-4 接线，可先接主电路，但接触器 Q_C 主触点下部电路暂不连接，然后连接控制电路。

③ 检查控制电路接线是否正确，按顺序依次接通实验台上的漏电保护开关、空气自动开关及三相负荷开关 Q_M。

④ 操作启动按钮，观察各接触器、继电器动作顺序是否正常。如出现故障，拉开 Q_M 开关，自行检查排除。

⑤ 调整时间继电器的延迟时间，重新操作，观察延时的作用及变化。

⑥ 将 Q_C 接触器常开主触头的下口电路接好。按下启动按钮 SB_1，进行Y—△启动，根据电动机启动所用时间，将时间继电器整定时间调整到合适位置，并记下整定时间。

四、实验设备

三相交流异步电动机 380/660 V 一台，时间继电器一块，交流接触器两块，中间继电器(代替接触器 C_Y)一块，三相负荷开关一块，按钮开关，导线若干。

五、实验报告

① 绘制电路原理图。

② 分析控制电路中各触点在电路中的功能。

③ 在实验过程中发生过什么故障？怎样进行检查排除？

④ 在实验电路中，时间继电器的延时长短怎样设定才是合适的？延时过长或过短有什么问题？

六、复习要求

熟悉几种时间继电器的结构及工作原理，复习交流接触器的结构组成及使用方法。

第二章　模拟电路实验

实验一　单级放大电路

一、实验目的

① 熟悉电子元器件和模拟电路实验箱；

② 掌握放大器静态工作点的调试方法及其对放大器性能的影响；

③ 学习测量放大器 Q 点，A_u，r_i，r_o的方法，了解共射极电路特性；

④ 学习放大器的动态性能。

二、实验原理

图 2-1-1 为固定电阻分压式偏置单级共射极放大器实验电路图。它的偏置电路采用R_P、R_{b1}和R_{b2}组成的分压电路，发射极电阻R_{e1}、R_{e2}用于稳定放大器的静态工作点。当在放大器的输入端加入输入信号U_i后，在放大器的输出端便可得到一个与U_i相位相反、幅值被放大了的输出信号U_o，从而实现了电压放大。

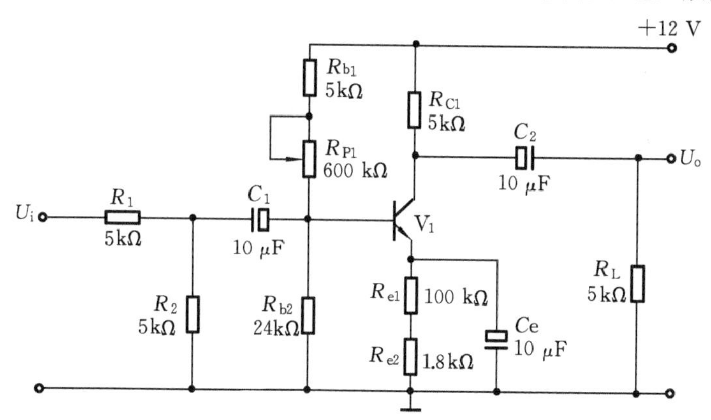

图 2-1-1　单级共射极放大电路

在电路中，当流过偏置电阻R_{P1}、R_{b1}和R_{b2}的电流远远大于晶体管 V1 的基极电流I_B时（一般为 7～10 倍），则它的静态工作点可用下式估算：

$$U_B \approx \frac{R_{b2}}{R_P + R_{b1} + R_{b2}} U_{CC}$$

$$I_E \approx \frac{U_B - U_{BE}}{R_{e1} + R_{e2}} \approx I_C$$

$$U_{CE} = U_{CC} - I_C(R_C + R_{e1} + R_{e2})$$

电压放大倍数

$$A_u = -\beta \frac{R_C // R_L}{r_{be}}$$

输入电阻

$$R_i = (R_P + R_{b1}) // R_{b2} // r_{be}$$

输出电阻

$$R_o \approx R_C$$

由于电子器件性能的分散性比较大，因此在设计和制作晶体管放大电路时，离不开测量和调试技术。在设计前应测量所用元器件的参数，为电路设计提供必要的依据，在完成设计和装配以后，还必须测量和调试放大器的静态工作点和各项性能指标。

放大器的测量和调试一般包括：放大器静态工作点的测量与调试，放大器各项动态参数进行的测量与调试等。

1. 放大器静态工作点的测量与调试

(1) 静态工作点的测量

测量放大器的静态工作点，应在输入信号 $U_i=0$ 的情况下进行，即将放大器输入端与地端短接，然后选用量程合适的直流毫安表和直流电压表，分别测量晶体管的集电极电流 I_C 以及各电极对地的电位 U_B、U_C 和 U_E。实验中，为了避免断开集电极，一般采用测量电压 U_E 或 U_C，然后算出 I_C 的方法。例如，只要测出 U_E，即可用 $I_C \approx I_E = \frac{U_E}{R_E}$ 算出 I_C；也可根据 $I_C = \frac{U_{CC} - U_C}{R_C}$，由 U_C 确定 I_C。同时也能算出 $U_{BE} = U_B - U_E$，$U_{CE} = U_C - U_E$。

为了减小误差，提高测量精度，应选用内阻较高的直流电压表。

(2) 静态工作点的调试

放大器静态工作点的调试是指对管子集电极电流 I_C（或 U_{CE}）的调整与测试。静态工作点是否合适，对放大器的性能和输出波形都有很大影响。如工作点偏高，放大器易产生饱和失真，此时 U_o 的负半周将被削底，如图 2-1-2(a)所示；如工作点偏低则易产生截止失真，即 U_o 的正半周被缩顶（一般截止失真不如饱和失真明显），如图 2-1-2(b)所示。这些情况都不符合不失真放大的要求。所以，在选定工作点以后还必须进行动态调试，即在放大器的输入端加入一定的输入电压 U_i，检查输出电压 U_o 的大小和波形是否满足要求。如不满足，则应调节静态工作点的位置。

改变电路参数 U_{CC}、R_C、R_B(R_P、R_{b1}、R_{b2})都会引起静态工作点的变化，但通常多采用调节偏置电阻 R_P 的方法来改变静态工作点。如减小 R_P，可使静态工作点提高等。

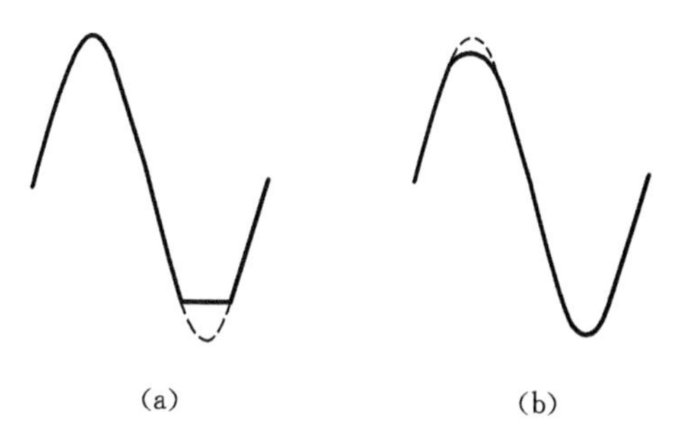

图 2-1-2　输出波形的失真

最后还要说明的是，上面所说的工作点“偏高”或“偏低”不是绝对的，应该是相对信号的幅度，如输入信号幅度很小，即使工作点较高或较低也不一定会出现失真。所以确切地说，产生波形失真是信号幅度与静态工作点设置配合不当所致。如需满足较大信号幅度的要求，静态工作点最好尽量靠近交流负载线的中点。

2. 放大器动态指标测试

放大器动态指标包括电压放大倍数、输入电阻、输出电阻、最大不失真输出电压(动态范围)和通频带等。

(1) 电压放大倍数 A_u的测量

调整放大器到合适的静态工作点，然后加入输入电压 U_i，在输出电压 U_o不失真的情况下，用交流毫伏表测出 u_i和 u_o的有效值 U_i和 U_o，则

$$A_u=\frac{U_o}{U_i}$$

(2) 输入电阻 R_i的测量

为了测量放大器的输入电阻，按图 2-1-3 电路在被测放大器的输入端与信号源之间串入一个已知电阻 R。在放大器正常工作的情况下，用交流毫伏表测出 U_S和 U_i，则根据输入电阻的定义可得

$$R_i=\frac{U_i}{I_i}=\frac{U_i}{U_R/R}=\frac{U_i}{U_S-U_i}R$$

测量时应注意下列两点：

① 由于电阻 R 两端没有电路公共接地点，所以测量 R 两端电压 U_R时必须分别测出 U_S和 U_i，然后按 $U_R=U_S-U_i$求出 U_R值；

② 电阻 R 的值不宜取得过大或过小，以免产生较大的测量误差，通常取 R 与 R_i为同一数量级为好，本实验可取 $R=1\sim2$ kΩ。

(3) 输出电阻 R_o的测量

按图 2-1-3 电路，在放大器正常工作的情况下，测出输出端不接负载 R_L的输出电压 U_o和接入负载后的输出电压 U_L，根据 $U_L=\frac{R_L}{R_o+R_L}U_o$即可求出：

$$R_o=\left(\frac{U_o}{U_L}-1\right)R_L$$

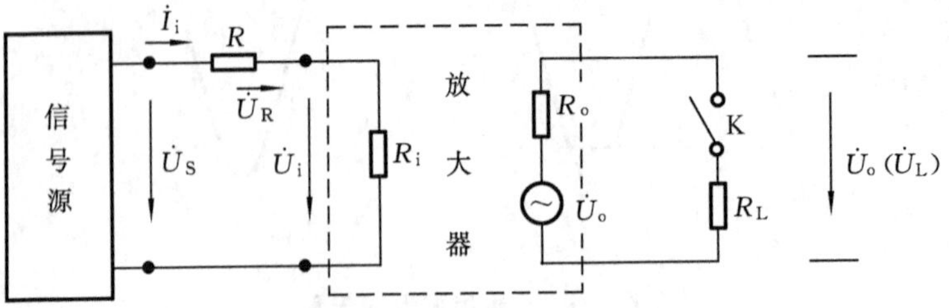

图 2-1-3 输入、输出电阻测量电路

在测量中应注意，必须保持 R_L 接入前后输入信号的大小不变。

(4) 最大不失真输出电压 $U_{o,P-P}$ 的测量(最大动态范围)

如上所述，为了得到最大不失真动态电压范围，应将静态工作点调节在交流负载线的中点。为此，在放大器正常工作的情况下，逐步增大输入信号的幅度，并同时调节 R_W，(改变静态工作点)，用示波器观察 u_o，当输出波形同时出现削底和缩顶现象(见图 2-1-4)时，说明静态工作点已调节在交流负载线的中点。然后反复调节输入信号，到波形输出幅度最大且无明显失真时，用晶体管毫伏表测出 U_o(有效值)，则动态范围等于 $2\sqrt{2}U_o$；或用示波器直接读出 $U_{o,P-P}$ 来。

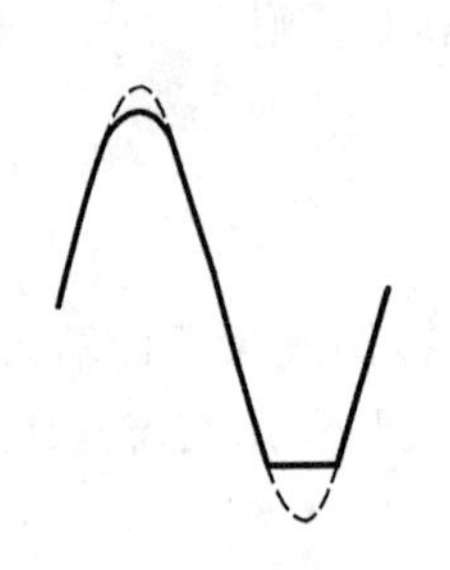

图 2-1-4 削底和缩顶失真

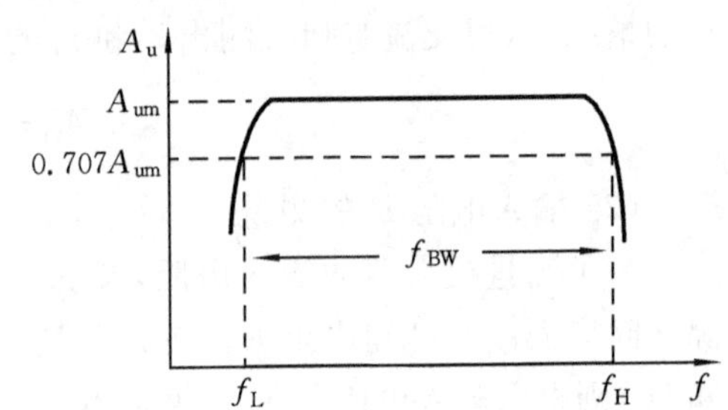

图 2-1-5 幅频特性曲线

(5) 放大器幅频特性的测量

放大器的幅频特性是指放大器的电压放大倍数 A_u 与输入信号频率 f 之间的关系曲线。单管阻容耦合放大电路的幅频特性曲线如图 2-1-5 所示，A_{um} 为中频电压放大倍数。通常规定电压放大倍数随频率变化下降到中频放大倍数的 $1/\sqrt{2}$ 倍，即 $0.707A_{um}$ 所对应的频率分别称为下限频率 f_L 和上限频率 f_H，则通频带为

$$f_{BW}=f_H-f_L$$

放大器的幅率特性就是测量不同频率信号时的电压放大倍数 A_u。为此，可采用前述测 A_u 的方法，每改变一个信号频率，测量其相应的电压放大倍数。测量时应注意取点要恰当，在低频段与高频段应多测几点，在中频段可以少测试几个点。

此外，在改变频率时，要保持输入信号的幅度不变，且输出波形不得失真。

三、实验设备

单管共射极放大电路（如图 2-1-1 所示），示波器信号发生器，数字万用表，交流毫伏表。

四、实验内容及步骤

1. 装接电路

① 用万用表判断实验箱上三极管 V 的极性和好坏，电解电容 C 的极性和好坏。

② 按图 2-1-1 所示，连接电路（注意：接线前先测量+12V 电源，关断电源后再连线），将 R_P的阻值调到最大位置。

2. 静态测试

① 接线完毕仔细检查，确定无误后接通电源。改变 R_P，记录 I_C分别为 0.5 mA、1mA、1.5 mA 时三极管 V 的 β 值（注意：I_b的测量和计算方法）。

② 调整 R_P，使 U_E=2.2 V，并将测试结果填入表 2-1-1 中。

表 2-1-1 静态工作点实验数据

实测					计算	
U_{BE}/V	U_{CE}/V	R_b/kΩ	I_B/μA	I_E/mA	I_B/μA	I_E/mA

3. 动态研究

① 将信号发生器调到 f=1 kHz，幅值为 3 mV（一般采用加电阻衰减的办法，即信号源用一个较大的信号。例如，300 mV 在实验板上经 100∶1 衰减电阻降为 3 mV），接到放大器输入端 u_i，观察 u_i和 u_o端波形，比较相位。

② 信号源频率不变，逐渐加大幅度，用示波器观察 u_o不失真时的最大值并将此时输入、输出值填入表 2-1-2。

表 1-2 电压放大倍数的测量数据

实测		实测计算	估算
u_i/mV	u_o/V	A_u	A_u

③ 保持 u_i=5 mV 不变，放大器接入负载 R_L，在改变 R_C数值情况下测量，并

将计算结果填入表 2-1-3 中。

表 2-1-3 不同 R_L、R_C 电压放大倍数的实验数据(u_i不变)

给定参数		实 测		实测计算	估算
R_C	R_L	u_i/mV	u_o/V	A_u	A_u
2kΩ	2kΩ				
2kΩ	5kΩ				
5kΩ	2kΩ				
5kΩ	5kΩ				

④ 保持 V_i=5 mV 不变，增大和减小 R_P，观察 U_o波形变化，测量并填入表 1-4。

表 2-1-4 R_P对静态、动态影响的实验结果(u_i不变)

R_P值	U_B	U_E	U_C	输出波形情况
最大				
合适				
最小				

注意：若失真观察不明显可增大或减小 u_i幅值重测。

4. 测量放大器的输入、输出电阻

(1) 测量输入电阻

在输入端串接一个 5 kΩ 电阻如图 2-1-6 所示，用示波器监测输出波形不失真的情况下，测量 u_S与 u_i，即可计算 r_i。

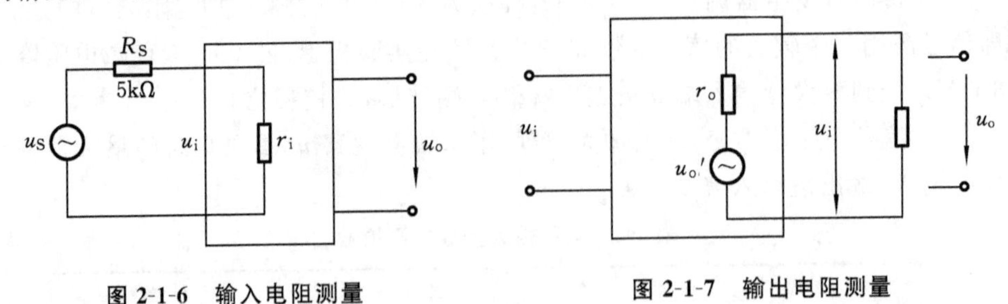

图 2-1-6 输入电阻测量

图 2-1-7 输出电阻测量

(2) 测量输出电阻

在输出端接入合适的 R_L值，如图 2-1-7 所示使放大器输出不失真(接示波器监测)，测量有负载时的输出电压 u_o和空载时的 u_o，即可计算 r_o。

将上述测量及计算结果填入表 2-1-5 中。

表 2-1-5　输入、输出电阻的测量数据

测输入电阻 $R_S=5$ kΩ				测输出电阻			
实测		测算	估算	实测		测算	估算
U_S/mV	U_i/mV	r_i	r_i	U_o $R_L=\infty$	U_o $R_L=$	r_o/kΩ	r_o/kΩ

五、复习要求

① 三级管单管放大器工作原理。

② 放大器动态及静态测量方法。

六、实验报告

① 注明你完成的实验内容和思考题，简述相应的基本结论。

② 选择你在实验中感觉最深的一个实验内容，写出较详细的报告，要求你能够使一个懂得电子电路原理但没有看过本实验指导的人可以看懂你的实验报告，并相信你实验中得出的基本结论。

七、思考题

① 如何选择正确的静态工作点？调试时应注意什么？

② 如何利用测试的静态工作点估算三极管的电流放大倍数？

③ 放大电路的静态与动态测试有何区别？

④ 负载电阻对放大电路的静态工作点有无影响？对动态指标有无影响？

实验二 两级放大电路

一、实验目的

① 掌握如何合理设置静态工作点；

② 学会放大器频率特性测试方法；

③ 了解放大器的失真及消除方法。

二、实验原理

单级放大电路的放大倍数一般都较低，往往不能满足实际电路的要求。这就需要将若干单级放大电路串联起来，将前级的输出端加到后级的输入端，组成多级放大器，使信号经过多次放大，达到所需的值，如图 2-2-1 所示。多级放大器的连接称为耦合，其耦合方式有三种，即阻容耦合、直接耦合、变压器耦合。

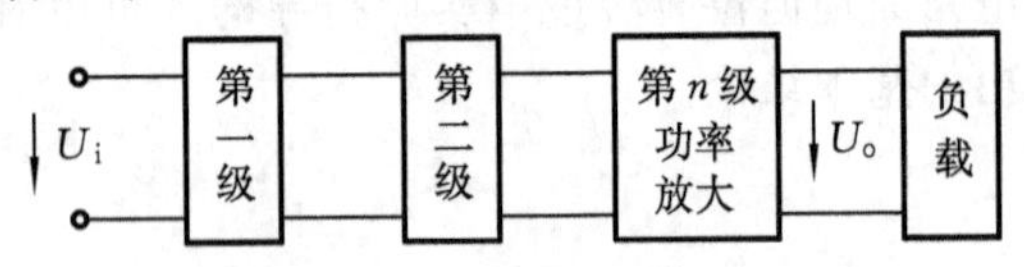

图 2-2-1 多级放大器的组成

本实验选用 RC 耦合两级放大电路来研究多级放大器的有关性能指标，如图 2-2-2 所示。

1. 电压放大倍数 A_u

在多级放大电路中，由于各级之间是串联起来的，后一级的输入电阻就是前载，所以多级放大器的总电压放大倍数等于各级放大倍数的乘积，即 $A_u=A_{u1}A_{u2}\cdots A_{uN}$。注意各级放大倍数应考虑前后级的相互影响。

两级 RC 耦合放大器中：

$$\text{第一级 } A_{u1}=-\beta\frac{R'_{L1}}{r_{be1}}\text{，第二级 } A_{u2}=-\beta\frac{R'_{L2}}{r_{be2}}$$

式中：$R'_{L1}=R_{C1}//r_{i2}$，$r_{i2}=R_{B21}//R_{B22}//r_{be2}$，$R'_{L2}=R_{C2}//R_L$。

2. 输入、输出电阻

多级放大电路中后一级放大电路的输入电阻就是前一级放大电路的输入电阻，放大电路的输入电阻就是第一级的输入电阻。本实验的两级放大电路的输入电阻为

$$r_i=r_{i1}=R_{B11}//r_{be1}$$

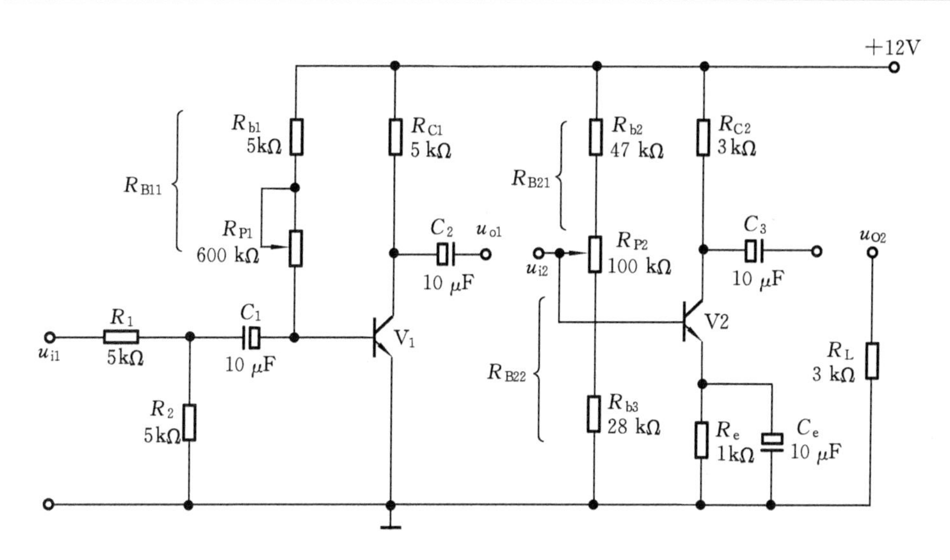

图 2-2-2　两级阻容耦合放大器

多级放大电路的输出电阻就是末级(输出级)的输出电阻，即 $r_o=r_{oN}$。本实验的两级 RC 耦合放大电路的输出电阻为 $r_o=r_{o2}=R_{C2}$。

3. 频率响应特性

在实际应用中通常要求放大器能够放大一定频率范围内的信号。放大器对不同频率的信号往往放大倍数不尽相同，这样被放大的信号幅度变化和原来的输入信号就会不完全相同，即所谓出现失真。例如，在低频或高频时，放大器对其放大的信号达不到预期的要求，因而造成放大器在低频或高频时放大性能变差。因此放大器的放大倍数(幅值，相位)和工作信号频率有关联的特性称为频率特性，相应的曲线为频率特性曲线。多级放大电路的幅频特性曲线通频带比单级放大电路的通频带要窄。

三、实验设备

两级放大电路，双踪示波器，数字万用表，信号发生器，交流毫伏表。

四、实验内容

① 设置静态工作点。

a. 按图 2-2-2 接线，注意接线尽可能短。

b. 静态工作点设置：要求第二级在输出波形不失真的前提下幅值尽量大；第一级为增加信噪比点尽可能低。

c. 在输入端加上 1 kHz 幅度为 0.3 mV 的交流信号，调整工作点使输出信号不失真。

注意，如发现有寄生振荡，可采用以下措施消除：

- 重新布线，走线尽可能短；
- 可在三极管 b、e 间加几皮法到几百皮法电容；
- 信号源与放大器用屏蔽线连接。

② 按表 2-2-1 要求测量并计算，注意测静态工作点时应断开输入信号。

表 2-2-1

	静态工作点						输入/输出电压/mV			电压放大倍数		
	第一级			第二级						第一级	第二级	整体
	U_{C1}	U_{B1}	U_{E1}	U_{C2}	U_{B2}	U_{E2}	u_i	u_{o1}	u_{o2}	A_{u1}	A_{u2}	A_u
空载												
负载												

③ 接入负载电阻 $R_L=3\ k\Omega$，按表 2-2-1 测量并计算，比较实验内容的结果。

④ 测两级放大器的频率特性。

a. 将放大器负载断开，先将输入信号频率调到 1 kHz，使输出幅度最大而不失真。

b. 保持输入信号幅度不变，改变频率（频率的选取，在输出幅值变化大时可多取几个测试点），按表 2-2-2 测量并记录。

c. 接上负载，重复上述实验。

表 2-2-2

f/Hz		50	100	250	500	1 000	2 500	5 000	10 000	20 000
U_O	$R_L=\infty$									
	$R_L=3\ k\Omega$									

五、复习要求

① 复习教材多级放大电路内容及频率响应特性测量方法。

② 分析图 2-2-1 两级交流放大电路，初步估计测试内容的变化范围。

六、实验报告

① 整理实验数据，分析实验结果。

② 画出实验电路的频率特性简图，标出 f_L。

③ 写出增加频率范围的方法。

七、思考题

① 静态工作点的变化对放大器的放大倍数和输出波形有何影响?

② 分析两级放大电路级与级之间相互影响的原因。

③ 放大电路的上限频率和下限频率受哪些因素的影响?

实验三　射极跟随器(共集电极电路)

一、实验目的

① 掌握射极跟随器的特性及测量方法;
② 进一步学习放大器各项参数测量方法。

二、实验原理

共集电极电路又名射极跟随器或射极输出器,射极输出器的输出取自发射极。它是一个电压串联负反馈放大电路,具有输入阻抗高、输出阻抗低,输出电压能够在较大范围内跟随输入电压作线性变化以及输入输出信号同相位等特点。图2-3-1所示为射极输出器实验电路。

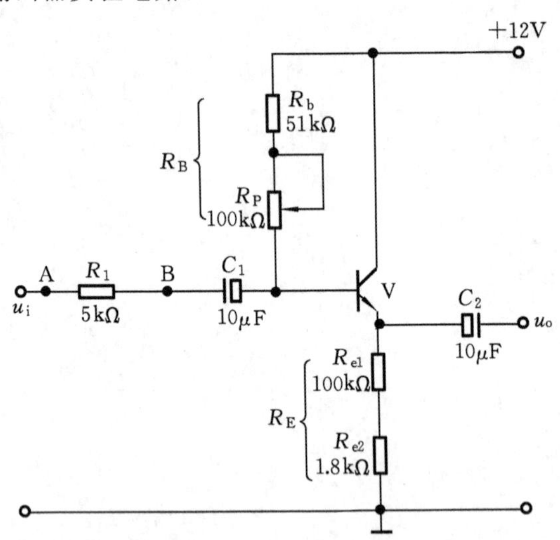

图 2-3-1　射极输出器电路

射极输出器的有关基本关系式如下(如图 2-3-1 所示电路)。

1. 静态工作点估算

$$I_B = \frac{U_{CC} - U_{BE}}{R_B + (1+\beta)R_E}$$

$$I_C = \beta I_B$$

$$U_{CE} = U_{CC} - I_E R_E$$

2. 电压放大倍数近似等于1

$$A_u=\frac{\dot{U}_o}{\dot{U}_i}=\frac{(1+\beta)(R_E//R_L)}{r_{be}+(1+\beta)(R_E//R_L)}\approx 1$$

上式说明射极跟随器的电压放大倍数小于近于1，且为正值，这是深度电压负反馈的结果。但它的射极电流仍比基流大$(1+\beta)$倍，所以它虽然没有电压放大作用但具有一定的电流和功率放大作用，可作为功率放大器输出级。

3. 输入电阻 r_i

$$r_i=R_B//[r_{be}+(1+\beta)(R_E//R_L')]$$

$$R_L'=R_L//R_E$$

输入电阻的测试方法同单管放大器。如图2-3-1所示，只要测得A、B两点的对地电位即可求出输入电阻。

$$r_i=\frac{U_i}{I_i}=\frac{U_i}{U_S-U_i}R$$

4. 输出电阻 r_o

$$r_o=\frac{r_{be}+(R_S//R_B)}{\beta}//R_E\approx\frac{r_{be}+(R_S//R_B)}{\beta}$$

由上式可知射极跟随器的输出电阻r_o比共射极单管放大器的输出电阻$r_o=R_C$低得多。三极管的β越高，输出电阻越小。

输出电阻r_o的测试方法也与单管放大器相同，即先测出空载输出电压U_o，再测接入负载R_L后的输出电压U_L，根据$U_L=\frac{U_o}{r_o+R_L}R_L$即可求出$r_o=\left(\frac{U_o}{U_L}-1\right)R_L$。

射极输出器虽然没有电压放大作用，但它具有高输入电阻和低输出电阻的特点，它在电子电路中应用非常广泛，具体表现在以下方面。

① 射极输出器作为输入级。由于射极输出器具有很高的输入电阻，常用在多级放大电路中作为输入级，尤其对高内阻的信号源更有重要意义。

② 射极输出器作为输出级。由于其输出电阻很低，当多级放大电路的负载变化时，其输出电压的变化很小，带负载能力很强。

③ 射极输出器作为中间级。在多级放大电路中，如果前一级的输出电阻较高，而后一级的输入电阻较低，则前后级之间就不能很好地配合。将射极输出器接入电路中，使前后级匹配，起到阻抗变换的作用。

三、实验设备

共集电极放大电路，双踪示波器，数字万用表，信号发生器，交流毫伏表。

四、实验内容

① 按图2-3-1电路接线。

② 调整直流工作点。

将电源+12V 接上，在 B 点加 $f=1$ kHz 正弦波信号，输出端用示波器监视，反复调整 R_P及信号源输出幅度，使输出幅度在示波器屏幕上得到一个最大不失真波形。然后断开输入信号，用万用表测量晶体管各极对地的电位，即为该放大器静态工作点，将所测数据填入表 2-3-1 中。

表 2-3-1　静态工作点测试数据

U_E/V	U_B/V	U_C/V	$I_E=\frac{U_e}{R_e}$

③ 测量电压放大倍数 A_u。

接入负载 $R_L=1$ kΩ，在 B 点加 $f=1$ kHz 信号，调输入信号幅度(此时偏置电位器 R_P不能再旋动)中，用示波器观察，在输出最大不失真情况下测 U_i、U_L值，将所测数据填入表 2-3-2 中。

表 2-3-2　电路放大倍数实验数据

U_i/V	U_L/V	$A_u=\frac{U_L}{U_i}$

④ 测量输出电阻 R_o。

在 B 点加 $f=1$ kHz 正弦波信号，$u_i=100$ mV 左右，接上负载 $R_L=100\Omega$ 时，用示波器观察输出波形，注意波形不出现失真。用毫伏表测量空载输出电压 $u_o(R=\infty)$，有负载输出电压 $u_L(R_L=100\Omega)$的值(这两个测试数据数值比较接近，注意观察它们的数值关系)，则 $r_o=\left(\frac{u_o}{u_L}-1\right)R_L$，将所测数据填入表 2-3-3 中。

表 2-3-3　输出电阻实验数据

u_o/mV	u_L/mV	$r_o=\left(\frac{u_o}{u_L}-1\right)R_L$

⑤ 测量放大器输入电阻 R_i(采用换算法)。

在输入端串入 $R=5$ kΩ 电阻，A 点加入 $f=1$ kHz 的正弦信号，用示波器观察输出波形。用毫伏表分别测 A、B 点对地电位 u_S、u_i。则 $r_i=\frac{u_i}{u_S-u_i}\cdot R=\frac{R}{\frac{u_S}{u_i}-1}$，

将测量数据填入表 2-3-4 中。

表 2-3-4　输入电阻实验数据

u_S/V	u_i/V	$r_i=\frac{R}{u_S/u_i-1}$

⑥ 测射极跟随器的跟随特性并测量输出电压峰峰值 V_{OPP}。

接入负载 $R_L=2\ k\Omega$，在 B 点加入 $f=1kHz$ 的正弦信号，逐点增大输入信号幅度 u_i。用示波器监视输出端，在波形不失真时，测所对应的 u_L值，计算出 A_u，并用示波器测量输出电压峰-峰值 V_{OPP}，与电压表读测的对应输出电压有效值进行比较。将所测数据填入表 2-3-5 中。

表 2-3-5　射极跟随器输出特性测试

	1	2	3	4
u_i				
u_L				
V_{OPP}				
A_u				

五、复习要求

① 参照教材有关章节内容，熟悉射极跟随器原理及特点。

② 根据图 2-3-1 所示元器件参数，估算静态工作点，画交、直流负载线。

六、实验报告

① 绘出实验原理电路图，标明实验的元件参数值。

② 整理实验数据及说明实验中出现的各种现象，得出有关的结论；画出必要的波形及曲线。

③ 将实验结果与理论计算相比较，分析产生误差的原因。

七、思考题

分析比较射极跟随器电路和共射极放大电路的性能和特点，以及两种电路分别适用在什么场合。

实验四 负反馈放大电路

一、实验目的

① 研究负反馈对放大器性能的影响；

② 掌握反馈放大器性能的测试方法。

二、实验原理

负反馈在电子电路中有着非常广泛的应用，虽然它使放大器的放大倍数降低，但能在多方面改善放大器的动态指标，如稳定放大倍数，改变输入、输出电阻，减小非线性失真，展宽通频带等。因此，几乎所有的实用放大器都带有负反馈。

负反馈放大器有四种组态，即电压串联、电压并联、电流串联和电流并联。本实验以电压串联负反馈为例，分析负反馈对放大器各项性能指标的影响。

① 图 2-4-1 所示为带有负反馈的两级阻容耦合放大电路，在电路中通过 R_f把输出电压 u_O引回到输入端，加在三极管 V_1的发射极上，在发射极电阻 R_6上形成反馈电压 u_f。根据反馈的判断法可知，它属于电压串联负反馈。

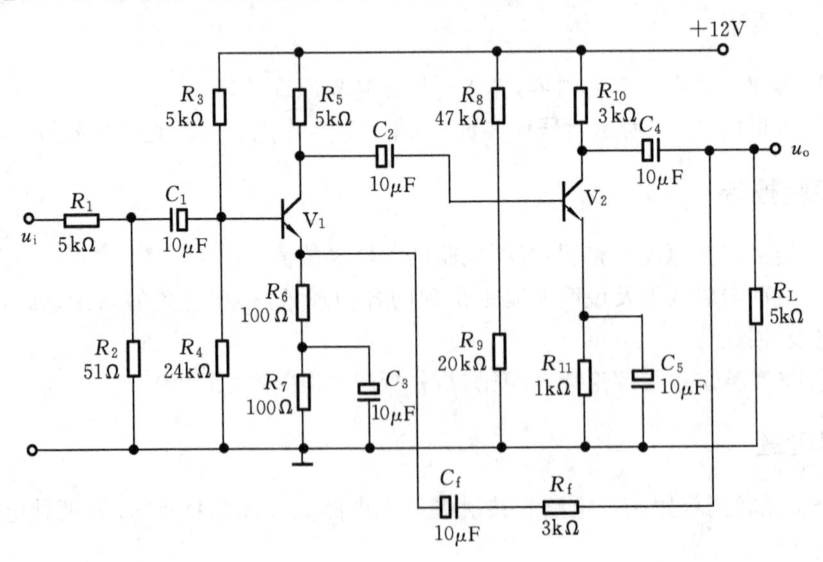

图 2-4-1 两级阻容耦合电压串联负反馈放大电路

其主要性能指标如下。

a. 闭环电压放大倍数

$$A_{uf}=\frac{A_u}{1+A_uF_u}$$

其中，$A_u=u_o/u_i$为基本放大器(无反馈)的电压放大倍数，即开环电压放大倍数。$1+A_uF_u$为反馈深度，它的大小决定了负反馈对放大器性能改善的程度。

b. 反馈系数

$$F_u=\frac{R_6}{R_f+R_6}$$

c. 输入电阻

$$R_{if}=(1+A_uF_u)R_i$$

R_i为基本放大器的输入电阻。

d. 输出电阻

$$R_{of}=\frac{R_o}{1+A_{uo}F_u}$$

R_o为基本放大器的输出电阻，A_{uo}为基本放大器 $R_L=\infty$时的电压放大倍数。

② 本实验还需要测量基本放大器的动态参数，怎样实现无反馈而得到基本放大器呢？不能简单地断开反馈支路，而是要去掉反馈作用，但又要把反馈网络的影响(负载效应)考虑到基本放大器中去。为此，应采取以下措施。

a. 在画基本放大器的输入回路时，因为是电压负反馈，所以可将负反馈放大器的输出端交流短路，即令 $u_o=0$，此时 R_f相当于并联在 R_6上。

b. 在画基本放大器的输出回路时，由于输入端是串联负反馈，因此需将反馈放大器的输入端(V_1管的射极)开路，此时(R_f+R_6)相当于并接在输出端。可近似认为 R_f并接在输出端。

根据上述规律，就可得到所要求的如图 2-4-2 所示的基本放大器。

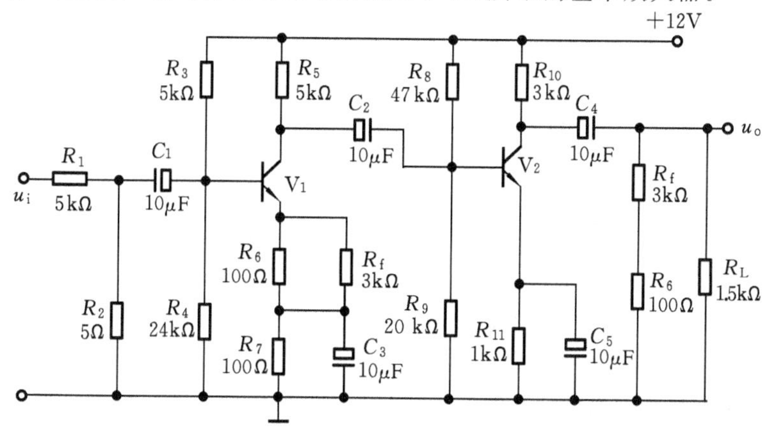

图 2-4-2 等效基本放大电路

三、实验设备

两级阻容耦合负反馈放大电路，双踪示波器，信号发生器，数字万用表，交流毫伏表。

四、实验内容及步骤

1. 负反馈放大器开环和闭环放大倍数的测试

(1) 开环电路

① 按图 2-4-1 接线，R_f先不接入。

② 输入端接入 $u_i=0.5$ mV，$f=1$ kHz 的正弦波(注意输入信号采用输入端衰减法)，调整接线和参数使输出不失真且无振荡(参考实验二方法)。

③ 按表 2-4-1 要求进行测量并填表。

④ 根据实测值计算开环放大倍数和输出电阻 r_o。

(2) 闭环电路

① 接通 R_f，按要求调整电路。

② 按表 2-4-1 要求测量并填表，计算 A_{uf}。

③ 根据实测结果，验证 A_{uf}，其中 $A_{uf}\approx\frac{1}{F}$。

表 2-4-1 开环、闭环增益实验数据

	R_L/Ω	u_i/mV	u_o/mV	$A_u(A_{\mu F})$
开环	∞	0.5		
	1.5kΩ	0.5		
闭环	∞	0.5		
	1.5kΩ	0.5		

2. 负反馈对失真的改善作用

① 将图 2-4-1 所示电路开环，逐步加大 u_i的幅度，使输出信号出现失真(注意不要过分失真)，记录失真波形幅度。

② 将图 2-4-1 所示电路闭环，观察输出情况，并适当增加 u_i幅度，使输出幅度接近开环时失真波形幅度。

③ 若 $R_f=3$ kΩ 不变，但 R_f接入 V_1的基极，会出现什么情况？实验验证之。

④ 画出上述各步实验的波形图。

3. 测放大器频率特性

① 将图 2-4-1 所示电路先开环，选择 u_i适当幅度(频率为 1 kHz)使输出信号在示波器上有满幅正弦波显示。

② 保持输入信号幅度不变并逐步增加频率，直到波形减小为原来的70%，此时信号频率即为放大器 f_H。

③条件同上，但逐渐减小频率，测得 f_L。

④将电路闭环，重复步骤①～③，并将结果填入表2-4-2中。

表2-4-2　反馈电路的频率特性

电路状态	f_H/Hz	f_L/Hz
开环		
闭环		

五、复习要求

① 认真阅读实验内容要求，估算待测量内容的变化趋势。

② 图2-4-1所示电路中晶体管放大倍数为120，计算该放大器开环和闭环电压放大倍数。

六、实验报告

① 将实验值与理论值比较，分析误差原因。

② 根据实验内容总结负反馈对放大电路的影响。

七、思考题

① 负反馈放大电路的反馈深度决定了电路性能的改善程度，但是否反馈深度越大越好？为什么？

② 负反馈为什么能改善放大电路的波形失真？

实验五　差动放大电路

一、实验目的

① 熟悉差动放大器工作原理；

② 掌握差动放大器的基本测试方法。

二、实验原理

图 2-5-1 是差动放大电路的基本结构。它由两个元件参数相同的基本共射放大电路组成。当开关 S 拨向左边时，构成典型的差动放大器。调零电位器用来调节 V_1、V_2 管的静态工作点，使得输入信号 $U_i=0$ 时，双端输出电压 $U_O=0$。电路中用晶体管恒流源代替了原电路的发射极电阻 R_E，它对差模信号无负反馈作用，因而不影响差模电压放大倍数，但对共模信号有较强的负反馈作用，故可以有效地抑制零漂，稳定静态工作点。

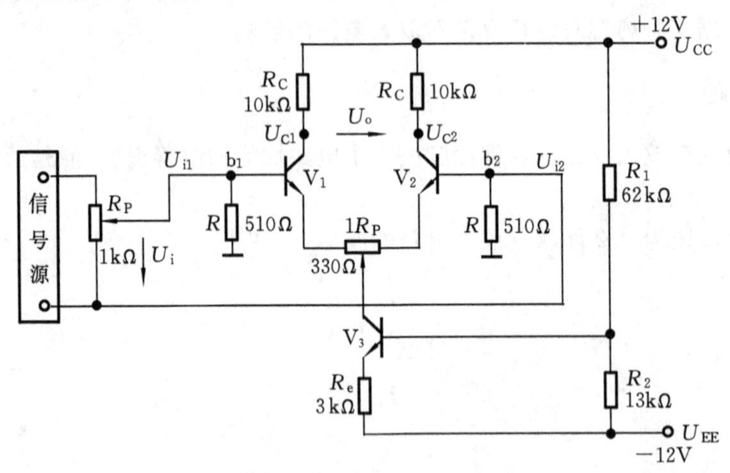

图 2-5-1　差动放大器电路

1. 静态工作点的估算

在典型的差动放大电路中

$$I_E \approx \frac{|U_{EE}|-U_{BE}}{R_E}\ （认为\ U_{B1}=U_{B2}\approx 0）$$

在图 2-5-1 所示的恒流源电路中

$$I_{C3} \approx I_{E3} \approx \frac{\frac{R_2}{R_1+R_2}(U_{CC}+|U_{EE}|)-U_{BE}}{R_e}$$

$$I_{C1}=I_{C2}=\frac{1}{2}I_{C3}$$

2. 差模电压放大倍数和共模电压放大倍数

当差动放大器的射极电阻 R_E足够大，或采用恒流源电路时，差模电压放大倍数 A_d由输出端方式决定，而与输入方式无关。

双端输出时：$R_E=\infty$，R_P在中心位置时，则有

$$A_d=\frac{\Delta U_o}{\Delta U_i}=-\frac{\beta R_C}{r_{BE}+\frac{1}{2}(1+\beta)R_P}$$

单端输出时，有

$$A_{d1}=\frac{\Delta U_{C1}}{\Delta U_i}=\frac{1}{2}A_d$$

$$A_{d2}=\frac{\Delta U_{C1}}{\Delta U_i}=-\frac{1}{2}A_d$$

当输入共模信号时，若为单端输出，则有

$$A_{C1}=A_{C2}=\frac{\Delta U_{C1}}{\Delta U_i}=\frac{-\beta R_C}{r_{be}+(1+\beta)\left(\frac{1}{2}R_W+2R_E\right)}\approx-\frac{R_C}{2R_E}$$

若为双端输出，在理想情况下，则有

$$A_C=\frac{\Delta U_o}{\Delta U_i}=0$$

实际上由于元件不可能完全对称，因此 A_C也不会安全等于零。

3. 共模抑制比 K_{CMR}

为了表征差动放大器对有用信号(差模信号)的放大作用和对共模信号的抑制能力，通常用一个综合指标来衡量，即共模抑制比 $K_{CMR}=\left|\frac{A_d}{A_c}\right|$，或用分贝来表示：$K_{CMR}=20\lg\left|\frac{A_d}{A_c}\right|$ dB。

式中，K_{CMR}的单位为 dB。差动放大器的输入信号可采用直流信号也可采用交流信号。本实验将进行直流分析和交流分析计算，交流信号由信号发生器提供频率 $f=1$ kHz 的正弦信号作为输入信号。

三、实验设备

差动放大电路，双踪示波器，数字万用表，信号源，交流毫伏表。

四、实验内容及步骤

实验电路如图 2-5-1 所示。

1. 测量静态工作点

(1) 调零

将输入端短路并接地，接通直流电源。调节电位器 R_P 使双端输出电压 $U_o=0$。

(2) 测量静态工作点

测量 V_1、V_2、V_3各极对地电压，并填入表 2-5-1 中。

表 2-5-1 差动放大器静态工作点

对地电压	U_{c1}	U_{c2}	U_{c3}	U_{b1}	U_{b2}	U_{b3}	U_{e1}	U_{e2}	U_{e3}
测量值/V									

2. 测量差模电压放大倍数

在输入端加入直流电压信号 $U_{id}=\pm 0.1V$，按表 5-2 要求测量并记录，由测量数据算出单端和双端输出的电压放大倍数。注意先调好 DC 信号源的输出电压 OUT_1 和 OUT_2，使其分别为 $+0.1V$ 和 $-0.1V$，再接入 U_{i1} 和 U_{i2}。

3. 测量共模电压放大倍数

将输入端 b_1、b_2短接，接到信号源的输入端，信号源另一端接地。DC 信号源分先后接 OUT_1 和 OUT_2，使它们分别为 $+1V$ 和 $-1V$，分别测量并填入表 2-5-2 中。由测量数据算出单端和双端输出的电压放大倍数，进一步算出共模抑制比 $K_{CMR}=\left|\dfrac{A_d}{A_c}\right|$。

表 2-5-2 差动放大器动态实验数据

测量及计算值 / 输入信号 U_i	差模输入						共模输入						共模抑制比
	测量值/V			计算值			测量值/V			计算值			计算值
	U_{c1}	U_{c2}	U_o双	A_{d1}	A_{d2}	A_d双	U_{c1}	U_{c2}	U_o双	A_{c1}	A_{c2}	A_c双	K_{CMR}
+0.1													
−0.1													

4. 利用电路组成单端输入的差放电路进行下列实验

① 在图 2-5-1 中将 b_2接地，组成单端输入差动放大器。从 b_1端输入直流信号 $U_i=\pm 0.1\ V$，测量单端及双端输出，填表 2-5-3 记录电压值。计算单端输入时的单端及双端输出的电压放大倍数，并与双端输入时的单端及双端差模电压放大倍

数进行比较。

表 2-5-3　单端输入差动放大器动态实验数据

测量仪计算值 \ 输入信号	电压值			放大倍数 A_v	
	U_{C1}	U_{C2}	U_o		
直流+0.1 V					
直流－0.1 V					
正弦信号 (50mV,1kHz)					

② 从 b_1 端加入正弦交流信号 $u_i=50\sin\omega t$ mV,$f=1$ kHz,分别测量、记录单端及双单输出电压,填入表 2-5-3 中,计算单端及双端的差模放大倍数。

注意:输入交流信号时,用示波器监视 U_{C1}、U_{C2} 波形,若有失真现象时,可减小输入电压值,直到 U_{C1}、U_{C2} 都不失真为止。

五、复习要求

① 计算图 2-5-1 的静态工作点(设 $r_{be}=3\text{k}\Omega,\beta=100$)及电压放大倍数。

② 在图 2-5-1 基础上画出单端输入和共模输入的电路。

六、实验报告

① 根据实际测量数据计算图 2-5-1 所示电路的静态工作点,与预习计算结果相比较。

② 整理实验数据,计算各种接法的 A_d,并与理论计算值相比较。

③ 计算实验步骤 3 中 A_c 和 K_{CMR} 的值。

④ 总结差放电路的性能和特点。

七、思考题

① 差动放大电路中两管及元件对称对电路性能有何影响?

② 为什么电路在工作前要进行零点调整?

③ 电路中反馈电阻 R_E 有什么作用?为什么要改用恒流源?

实验六　比例求和运算电路

一、实验目的

① 掌握用集成运算放大器组成的比例求和电路的特点及性能；

② 学会上述电路的测试和分析方法。

二、实验原理

集成运算放大器是一种具有高电压放大倍数，输入电阻很大、输出电阻很小的直接耦合多级放大电路。当外部接入不同的线性或非线性元器件组成输入和负反馈电路时，可以灵活地实现各种特定的函数关系。在线性应用方面，可组成比例、加法、减法、积分、微分和对数等模拟运算电路。

本实验采用的集成运放型号为 μA741，它是八脚双列直插式组件，②脚和③脚分别为反相输入端和同相输入端，⑥脚为输出端，⑦脚和④脚分别为正、负电源端，①脚和⑤脚分别为失调调零端，①脚、⑤脚之间可接入一只几十千欧的电位器并将滑动触头接到负电源端，⑧脚为空脚。

1. 理想运算放大器的特性

在大多数情况下，将运算放大器（以下简称为运放）视为理想运放，就是将运放的各项技术指标理想化。满足下列条件的运算放大器称为理想运放。

开环电压增益 $A_{ud}=\infty$；输入阻抗 $r_i=\infty$；输出阻抗 $r_o=0$；带宽 $f_{BW}=\infty$；失调与漂移电压均为零等。

理想运放在线性应用时有以下两个重要特性。

① 输出电压 U_o 与输入电压之间满足关系式：

$$U_o=A_{ud}(U_+-U_-)$$

由于 $A_{ud}=\infty$，而 U_o 为有限值，因此，$U_+-U_-\approx0$，即 $U_+\approx U_-$，称为“虚短”。

② 由于 $r_i=\infty$，故流进运放两个输入端的电流可视为零，即 $I_N=I_P=0$，称为“虚断”。这说明运放对其前级吸取电流极小。

上述两个特性是分析理想运放应用电路的基本原则，可简化运放电路的计算。

2. 基本运算电路

（1）反相比例运算电路

电路如图 2-6-1 所示。对于理想运放，该电路的输出电压与输入电压之间的关系为

$$U_o=-\frac{R_F}{R_1}U_i$$

为了减小输入级偏置电流引起的运算误差，在同相输入端应接入平衡电阻R_2。

(2) 反相加法电路

电路如图 2-6-2 所示，输出电压与输入电压之间的关系为

$$U_o=-\left(\frac{R_F}{R_1}U_{i1}+\frac{R_F}{R_2}U_{i2}\right),R_3=R_1//R_2//R_F$$

(3) 同相比例运算电路

图 2-6-3 是同相比例运算电路，它的输出电压与输入电压之间的关系为

$$U_o=\left(1+\frac{R_F}{R_1}\right)U_i,R_2=R_1//R_F$$

当 $R_1\to\infty$时，$U_o=U_i$，即得到如图 2-6-4 所示的电压跟随器。图中 $R_2=R_f$，用以减小漂移和起保护作用。一般 R_f取 10 kΩ，R_f太小起不到保护作用，太大则影响跟随性。

(4) 差动放大电路(减法器)

对于图 2-6-5 所示的减法运算电路，当 $R_1=R_2$，$R_3=R_f$时有如下关系式：

$$U_o=\frac{R_F}{R_1}(U_{i2}-U_{i1})$$

(5) 积分运算电路

反相积分电路如图 2-6-6 所示。在理想化条件下，输出电压 u_o为

$$u_o(t)=-\frac{1}{R_1C}\int_0^t u_i\mathrm{d}t+u_C(0)$$

式中，$u_C(0)$是 $T=0$ 时刻电容 C 两端的电压值，即初始值。

如果 $u_i(t)$是幅值为 E 的阶跃电压，并设 $u_C(0)=0$，则有

$$u_o(t)=-\frac{1}{R_1C}\int_0^t E\mathrm{d}t=-\frac{E}{R_1C}t$$

即输出电压 $u_o(t)$随时间增长而线性下降。显然 RC 的数值越大，达到给定的U_o值所需的时间就越长。积分输出电压所能达到的最大值受集成运放最大输出范围的限制。

在进行积分运算之前，首先应对运放调零。为了便于调节，将图中开关 S_1闭合，即通过电阻 R_2的负反馈作用帮助实现调零。但在完成调零后，应将开关 S_1断开，以免因 R_2的接入造成积分误差。开关 S_2的设置，一方面是为积分电容放电提供通路，同时可实现积分电容初始电压 $u_C(0)=0$；另一方面，可控制积分起始点，即在加入信号u_i后，只要开关 S_2一断开，电容就将被恒流充电，电路也就开始进行积分运算。

(6) 微分电路

微分电路如图 2-6-7 所示，它和积分电路的区别是将 R 和 C 的位置进行了互换，在理想情况下，输出电压 u_o 为

$$u_o(t)=-R_1C\frac{du_i}{dt}$$

输出电压与输入电压的变化率成正比，当输入方波信号时，输出信号为尖顶波。RC 时间常数决定了脉冲的宽度。

三、实验设备

运算放大器实验电路，数字万用表，示波器，信号发生器。

四、实验内容

1. 反相比例放大器

实验电路如图 2-6-1 所示，接线时注意正、负电源的接入。

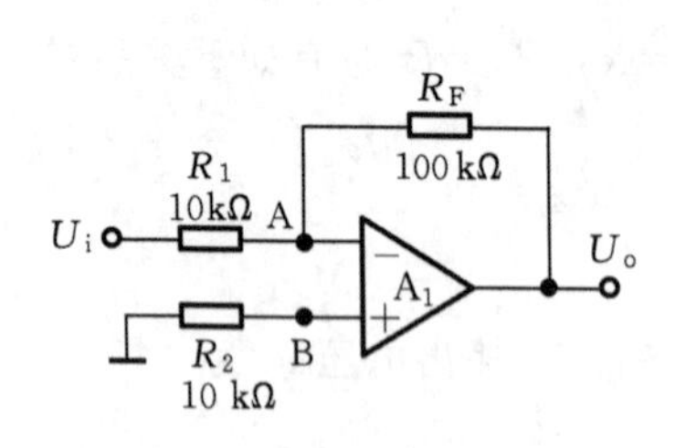

图 2-6-1 反向比例放大器

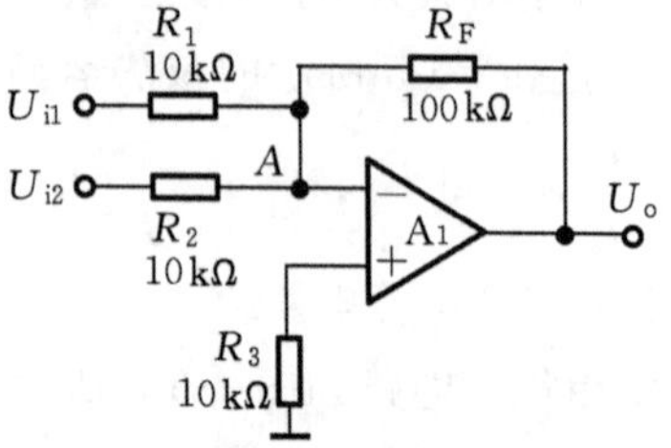

图 2-6-2 反向加法运算电路

① 将输入端接地，用示波器观察输出端是否存在自激振荡。若存在，应采取适当的措施加以消除(可根据集成电路使用说明加以消除)。

② 将输入端接地，用直流电压表检测输出电压，检查输出是否为零；若不等于零，应调节调零电位器，保证输入为零时，输出为零。

③ 按表 2-6-1 内容实验并测量记录。

④ 测量图 2-6-1 所示电路的上限截止频率。

表 2-6-1 反向比例放大器实验数据

直流输入电压 U_i/mV		30	100	300	1 000	3 000
输出电压 U_o	理论估算/mV					
	实测值/mV					
	误差					

2. 反相求和放大电路

实验电路如图 2-6-2 所示,实验步骤如上。

按表 2-6-2 内容进行实验测量,并与预习计算结果相比较。

表 2-6-2　反向加法器实验数据

U_{i1}/V	0.3	−0.3
U_{i2}/V	0.2	0.2
U_o/V		

3. 同相比例放大器

电路如图 2-6-3 所示接线、调零。

① 按表 2-6-3 实验测量并记录。

② 测出电路的上限截止频率。

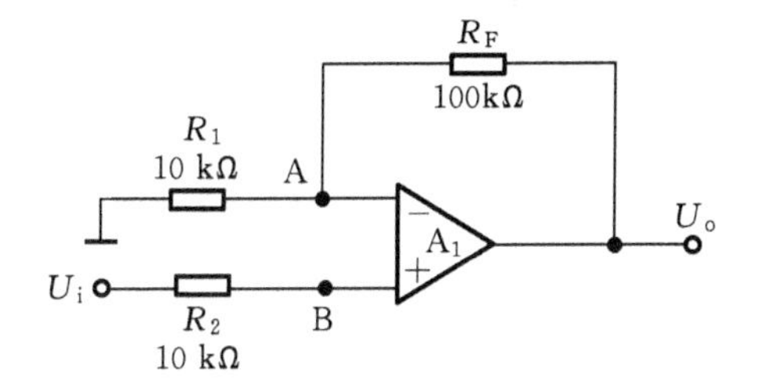

图 2-6-3　同相比例放大电路

图 2-6-4　电压跟随器

表 2-6-3　同相比例放大电路实验数据

直流输入电压 U_1/mV		30	100	300	1 000
输出电压 U_o	理论估算/mV				
	实测值/mV				
	误差				

4. 电压跟随器

实验电路如图 2-6-4 所示。

按表 2-6-4 内容实验并测量记录。

表 2-6-4　电压跟随器实验数据

U_i/V		−2	−0.5	0	+0.5	1
U_o/V	$R_L=\infty$					
	$R_L=5\text{k}\Omega$					

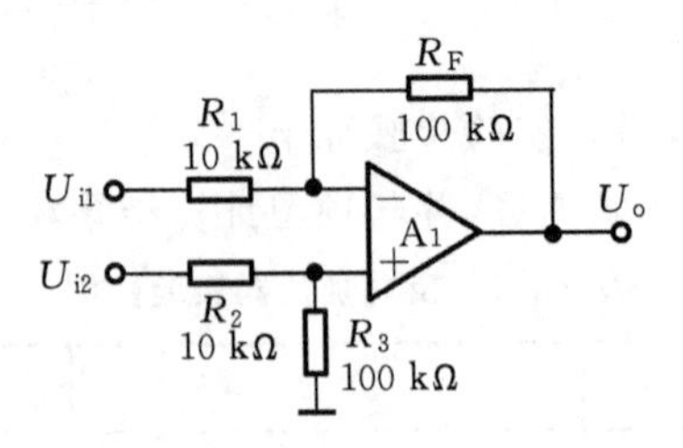

图 2-6-5　双端输入放大电路

5. 双端输入求和放大电路(差动放大电路)

实验电路如图 2-6-5 所示。按表 2-6-5 内容实验并测量记录。

表 2-6-5　差动输入实验数据

U_{i1}/V	1	2	0.2
U_{i2}/V	0.5	1.8	−0.2
U_o/V			

6. 积分电路

实验电路如图 2-6-6 所示。

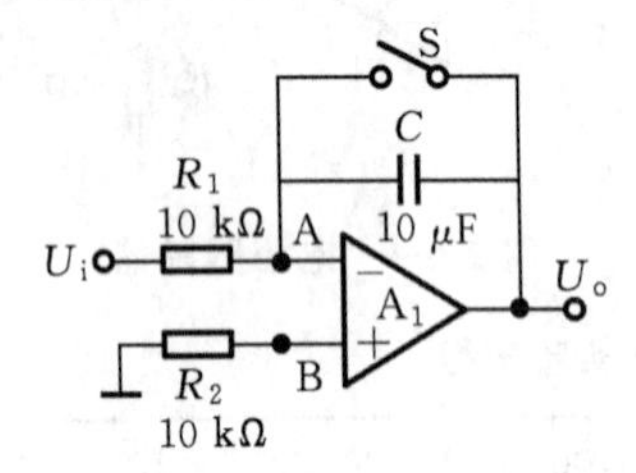

图 2-6-6　积分电路

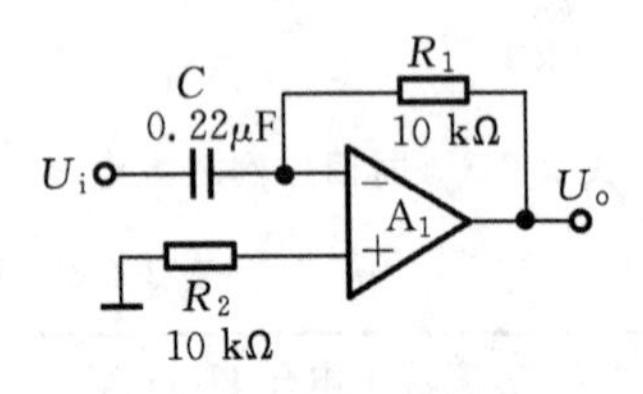

图 2-6-7　微分电路

① 取 $U_i=-1$V,断开开关 S(开关 S 可用一条连线代替,拔出连线一端作为断开)用示波器观察 U_o变化。

② 测量饱和输出电压及有效积分时间。

③ 将图 2-6-6 中积分电容改为 0.1 μF,断开 S。U_i分别输入 100 Hz 幅值为 2 V 的方波和正弦波信号,观察 U_i和 U_o大小及相位关系,并记录其波形。为避免波形失真,可在 C 两端并联 100 kΩ 的电阻。

④ 改变图 2-6-6 电路的频率,观察 U_i与 U_o的相位、幅值关系。

7. 微分电路

实验电路如图 2-6-7 所示。

① 输入正弦波信号 $f=160$ Hz 有效值为 1 V,用示波器观察 U_i与 U_o波形并测量输出电压。

② 改变正弦波频率(20～400 Hz),观察 U_i与 U_o的相位、幅值变化情况并记

录。

③ 输入方波 $f=200$ Hz,$U_i=\pm 5$ V,用示波器观察 U_o波形;按上述步骤重复实验。

五、复习要求

① 预习基本运算放大器的工作原理和分析方法。

② 计算实验中相关的理论数据。

③ 实验时应如何注意避免集成电路的损坏。

六、实验报告

① 总结本实验中各种运算电路的特点及性能。

② 分析理论计算与实验结果误差的原因。

③ 说明为什么要预先进行调零,应如何调节。

④ 用实测数据说明“虚短”、“虚断”的概念,以及何时用“虚短”、“虚断”的概念来处理问题。

七、思考题

① 如果输入对地短路、输出电压不等于零,说明电路存在什么问题?应如何处理?

② 积分电路中 R_1的作用是什么?微分电路中 C 的作用是什么?

③ 实际应用中,积分器的误差与哪些因素有关?主要的有哪几项?

实验七　波形发生电路

一、实验目的

① 掌握波形发生电路的特点和分析方法；

② 熟悉波形发生器设计方法。

二、实验原理

利用集成运算放大器构成的正弦波、方波、矩形波和三角波发生器有多种形式。本实验主要选用较常用的、线路比较简单的几种电路加以分析。

1. *RC* 桥式正弦波振荡电路(文氏电桥振荡器)

图 2-7-1 所示为 RC 桥式正弦波振荡器。其中 RC 串、并联电路构成正反馈支路，同时兼作选频网络，R_1、R_2、R_P 及二极管等元件构成负反馈和稳幅环节。调节电位器 R_P，可以改变负反馈深度，以满足振荡的振幅条件和改善波形。利用两个反向并联二极管 VD_1、VD_2 正向电阻的非线性特性可以实现稳幅。VD_1、VD_2 采用硅管(温度稳定性好)，且要求特性匹配，才能保证输出波形正、负半周对称。R_2 的接入是为了削弱二极管非线性的影响，以减少波形失真。

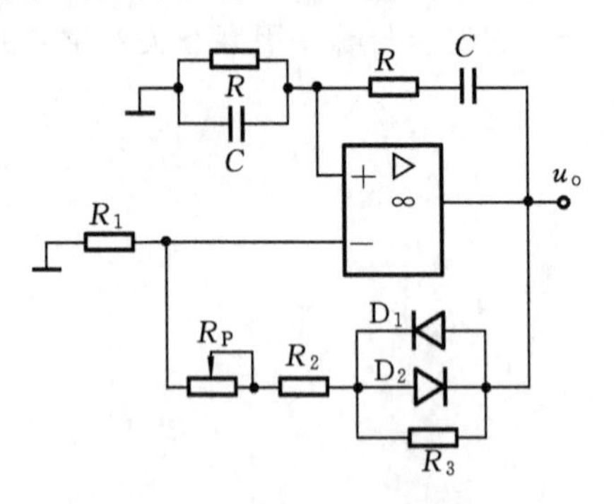

图 2-7-1　*RC* 桥式正弦波振荡器

电路的振荡频率为

$$f_0=\frac{1}{2\pi RC}$$

起振的幅值条件为

$$A\geqslant 3 \qquad 即 \quad 1+\frac{R_f}{R_1}\geqslant 3$$

式中，$R_f=R_P+R_2+(R_3//r_D)$，r_D为二极管正向导通电阻。

调整反馈电阻 R_f（调 R_P），使电路起振，且波形失真最小。如不能起振，则说明负反馈太强，应适当加大 R_f。如波形失真严重，则应适当减小 R_f。

改变选频网络的参数 C 或 R，即可调节振荡频率。一般采用改变电容 C 做频率量程切换，而调节 R 做量程内的频率细调。

2. 方波发生电路

由集成运放构成的方波发生电路和三角波发生电路，一般均包括比较器和 RC 积分器两大部分。图 2-7-2 所示为由滞回比较器及简单 RC 积分电路组成的方波——三角波发生电路。它的特点是线路简单，但三角波的线性度较差。它主要用于产生方波，或用于对三角波要求不高的场合。

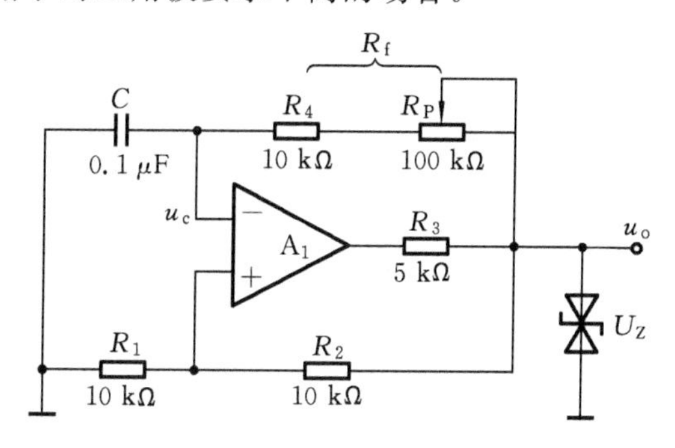

图 2-7-2　方波信号发生器

电路振荡频率为

$$f_0=\frac{1}{2R_fC\ln\left(1+\frac{2R_1}{R_2}\right)}$$

方波输出幅值为

$$U_{om}=U_Z$$

三角波输出幅值为

$$U_{om}=\frac{R_1}{R_1+R_2}U_Z$$

调节电位器 R_P（即改变 R_f），可以改变振荡频率。

3. 三角波和方波发生电路

如把滞回比较器和积分器首尾相接形成正反馈闭环系统，如图 2-7-3 所示。则比较器 A_1输出的方波经积分器 A_2积分可得到三角波，三角波又触发比较器自动翻转形成方波，这样即可构成三角波、方波发生器。图 2-7-4 所示为方波、三角波发生器输出波形图。由于采用运放组成的积分电路，因此可实现恒流充电，使三角波线性特性大大改善。

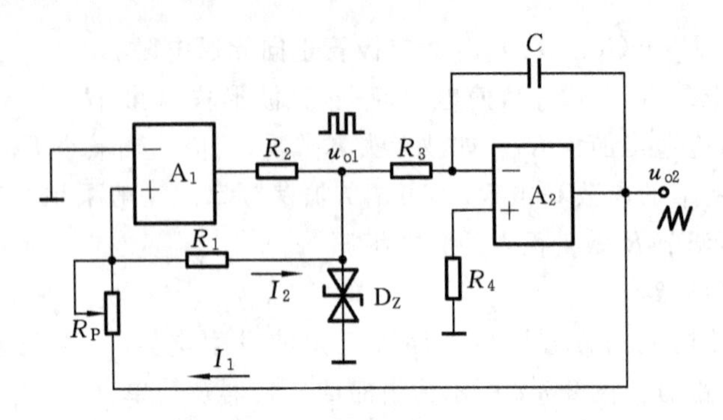

图 2-7-3 三角波与方波发生器

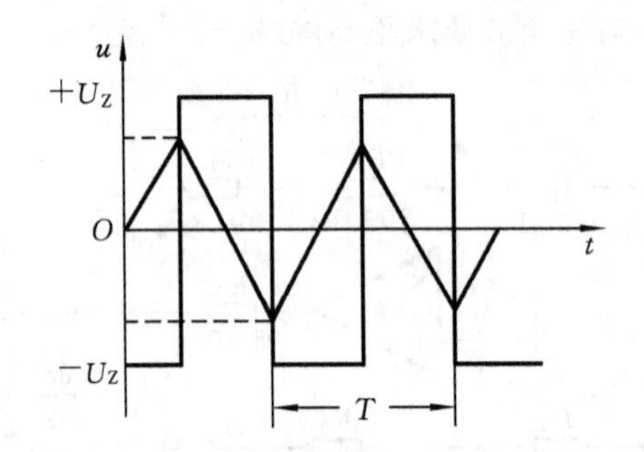

图 2-7-4 方波与三角波发生电路的输出波形图

电路振荡频率为

$$f_0=\frac{R_1}{4R_PR_3C}$$

方波幅值为

$$U_{om1}=\pm U_Z$$

三角波幅值为

$$U_{om2}=\frac{R_P}{R_1}U_Z$$

调节 R_P，可以改变振荡频率，改变 R_P/R_1 比值可调节三角波的幅值。

三、实验设备

波形发生器电路，双踪示波器，数字万用表，交流毫伏表。

四、实验内容

1. 正弦波信号发生电路

实验电路如图 2-7-1 所示，按图接线。

① 接通电源，调节电位 R_P，使输出波形从无到有，直到正弦波出现失真。描

绘输出 u_o 波形，并记下临界起振、正弦波输出及失真情况下的 R_P 值，分析负反馈强弱对起振条件及输出波形的影响。

② 调节电位器 R_P，使输出电压幅值最大但不失真，用交流毫伏表分别测量输出电压 U_O、反馈电压 U_+ 和 U_-，分析研究振荡的幅值条件。

③ 用示波器或频率计测量振荡频率 f_O，然后在选频网络的两个电阻 R 上并联同一阻值电阻，观察、记录振荡频率的变化情况，并与理论值进行比较。

④断开二极管 D_1、D_2，重复步骤②的内容，将测试结果与步骤②进行比较，分析 D_1、D_2 的稳幅作用。

2. 方波发生电路

实验电路如图 2-7-2 所示，双向稳压管稳压值一般为 5～6 V。

① 按电路图接线，观察 u_C、u_o 波形及频率，与预习比较。

② 分别测出 $R=10\ \text{k}\Omega$、$R=110\ \text{k}\Omega$ 时的频率，输出幅值，与预习比较。

③ 要想获得更低的频率应如何选择电路参数？试利用实验箱上给出的元器件进行条件实验并观测。

3. 三角波发生电路

实验电路如图 2-7-3 所示。

① 按图接线，分别观测 U_{O1} 及 U_{O2} 的波形并记录。

② 如何改变输出波形的频率？分别实验并记录。

4. 占空比可调的矩形波发生电路

实验电路如图 2-7-5 所示。

① 按图接线，观察并测量电路的振荡频率、幅值及占空比。

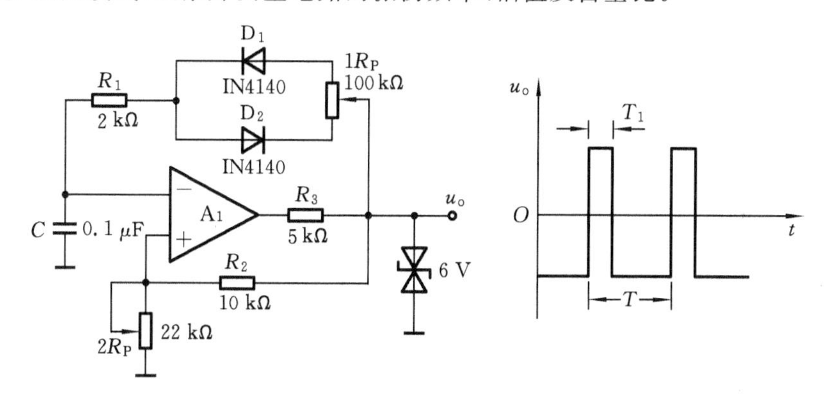

图 2-7-5　占空比可调矩形波发生器

② 若要使占空比更大，应如何选择电路参数并用实验验证。

5. 锯齿波发生电路

实验电路如图 2-7-6 所示。

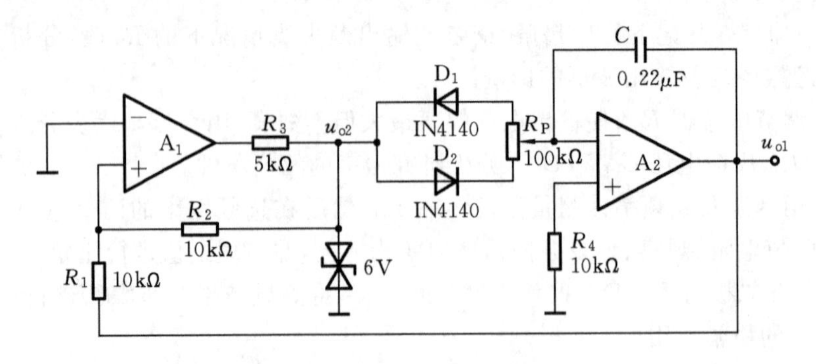

图 2-7-6　锯齿波发生电路

① 按图接线，观测电路输出波形和频率。

② 按预习时的方案改变锯齿波频率并测量变化范围。

五、复习要求

① 分析 RC 正弦波振荡电路、三角波及方波发生电路的工作原理，定性画出输出波形。

② 图 2-7-5 所示电路如何使输出波形占空比变大？利用实验箱上所标元器件画出原理图。

③ 分析电路调节幅度的原理，说明各实验电路中调节哪个元件可以改变 U_o 的幅度？

六、实验报告

① 画出各实验波形图。

② 画出各实验预习要求的设计方案、电路图，写出实验步骤及结果。

③ 总结波形发生电路的特点，并回答下列问题。

a. 波形产生电路调零吗？

b. 波形产生电路有没有输入端？

七、思考题

① 为什么在 RC 正弦振荡电路中要引入负反馈支路？为什么要增加 D_1、D_2？

② 方波发生器电路中，哪个元件决定方波的幅度？哪个元件影响方波的频率？运放工作在什么状态？

③ 三角波发生器中两个运放各起什么作用，工作在什么状态？

实验八 有源滤波器

一、实验目的

① 熟悉有源滤波器的构成及其特性；

② 学会有源滤波器幅频特性。

二、实验原理

由 RC 元件与运算放大器组成的滤波器称为 RC 有源滤波器，其功能是让一定频率范围内的信号通过，抑制或急剧衰减此频率范围以外的信号。

RC 有源滤波器可用于信息处理、数据传输和抑制干扰等方面，但因受频带限制，主要用于低频范围。根据对频率范围的选择不同，可分为低通(LPF)、高通(HPF)、带通(BPF)与带阻(BEF)等四种滤波器，其幅频特性如图 2-8-1 所示。

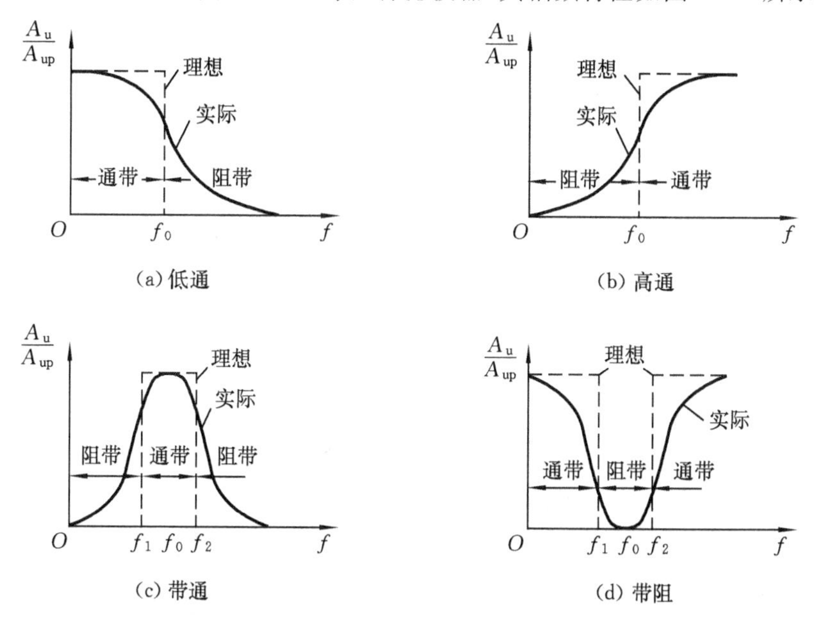

图 2-8-1 四种滤波电路的幅频特性示意图

具有理想幅频特性的滤波器是很难实现的，只能使实际的幅频特性尽量接近理想的。一般来说，滤波器的幅频特性越好，其相频特性则越差；反之亦然。滤波器的阶数越高，幅频特性衰减的速率则越快，但 RC 网络的节数越多，元件参数计算越烦琐，电路调试越困难。任何高阶滤波器均可以用较低的二阶 RC 有源滤波器的级联来实现。

1. 低通滤波器(LPF)

低通滤波器的作用是通低频信号，衰减或抑制高频信号。

图 2-8-2(a)所示为典型的二阶有源低通滤波器。它由两级 RC 滤波环节与同相比例运算电路组成，其中第一级电容 C 接至输出端，引入适量的正反馈，以改善幅频特性。

图 2-8-2(b)所示为二阶低通滤波器幅频特性曲线。

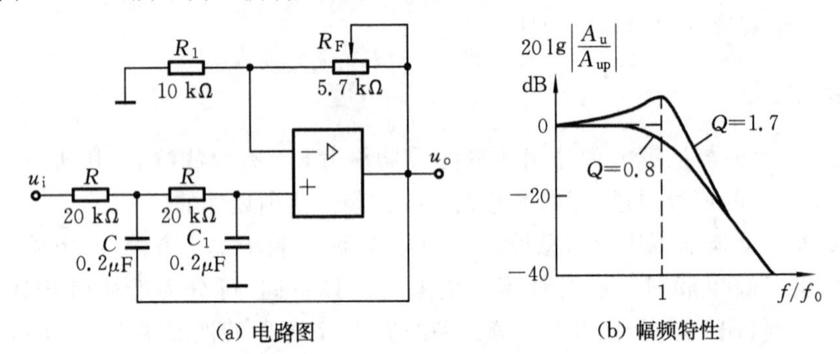

(a) 电路图　　(b) 幅频特性

图 2-8-2　二阶低通滤波器

该电路的性能参数为

$A_{up}=1+\frac{R_F}{R_1}$等，是二阶低通滤波器的通带增益；

$f_0=\frac{1}{2\pi RC}$为截止频率，是二阶低通滤波器通带与阻带的界限频率；

$Q=\frac{1}{3-A_{up}}$为品质因数，其大小影响低通滤波器在截止频率处幅频特性的形状。

2. 高通滤波器(HPF)

与低通滤波器相反，高通滤波器用来通高频信号，衰减或抑制低频信号。只要将图 2-8-2 所示低通滤波电路中起滤波作用的电阻、电容互换，即可变成二阶有源高通滤波器，如图 2-8-3(a)所示。高通滤波器的性能与低通滤波器的相反，其频率响应和低通滤波器是“镜像”关系，仿照 LPH 分析方法，不难求得 HPF 的幅频特性。

电路性能参数 A_{up}、f_0、Q 各量的含义同二阶低通滤波器。

图 2-8-3(b)所示为二阶高通滤波器的幅频特性曲线，可见，它与二阶低通滤波器的幅频特性曲线有“镜像”关系。

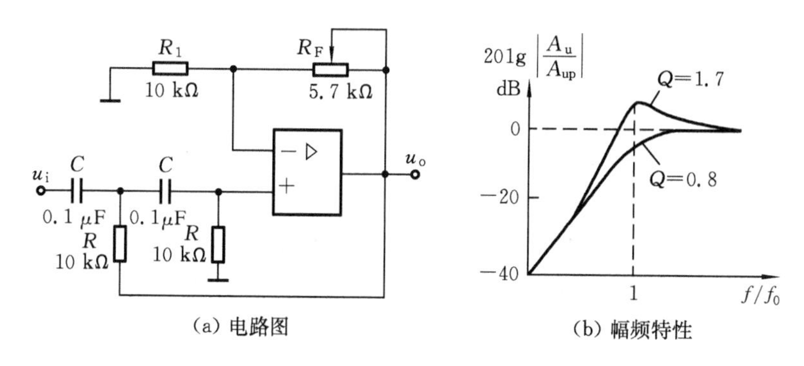

(a) 电路图　(b) 幅频特性

图 2-8-3　二阶高通滤波器

3. 带通滤波器(BPF)

这种滤波器的作用是只允许在某一个通频带范围内的信号通过，而比通频带下限频率低和比上限频率高的信号均加以衰减或抑制。

典型的带通滤波器可以从二阶低通滤波器中将其中一级改成高通而得到，如图 2-8-4(a)所示。图 2-8-4(b)所示为幅频特性曲线。

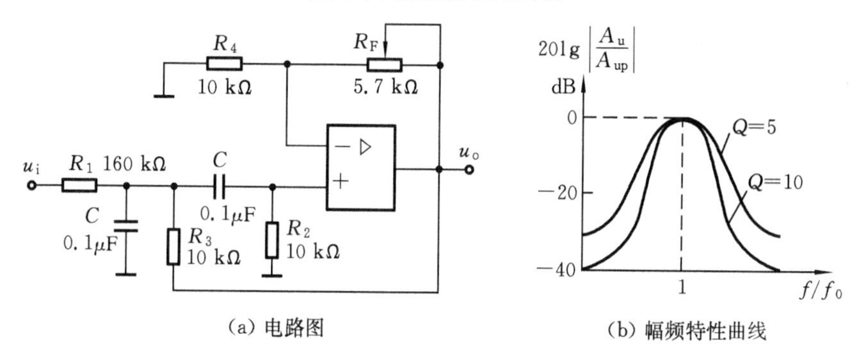

(a) 电路图　(b) 幅频特性曲线

图 2-8-4　二阶带通滤波器

该电路的性能参数为

通带增益

$$A_{up}=\frac{R_4+R_f}{R_4R_1C\cdot B}$$

中心频率

$$f_0=\frac{1}{2\pi}\sqrt{\frac{1}{R_2C^2}\left(\frac{1}{R_1}+\frac{1}{R_3}\right)}$$

通带宽度

$$B=\frac{1}{C}\left(\frac{1}{R_1}+\frac{2}{R_2}-\frac{R_f}{R_3R_4}\right)$$

选择性

$$Q=\frac{\omega_0}{B}$$

此电路的优点是只改变 R_f 和 R_4 的比例就可改变频宽而不影响中心频率。

4. 带阻滤波器(BEF)

如图 2-8-5 所示，这种电路的性能和带通滤波器的相反，即在规定的频带内，信号不能通过(或受到很大衰减或抑制)，而在其余频率范围，信号则能顺利通过。

在双 T 网络后加一级同相比例运算电路就构成了基本的二阶有源 BEP。

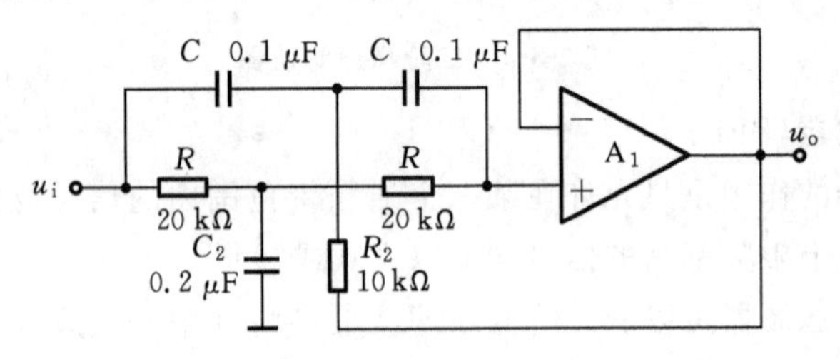

图 2-8-5 二阶带阻滤波器

该电路的性能参数为

通带增益

$$A_{up}=1$$

中心频率

$$f_0=\frac{1}{2\pi RC}$$

带阻宽度

$$B=2(2-A_{up})f_0$$

选择性

$$Q=\frac{1}{2(2-A_{up})}$$

三、实验及设备

有源滤波器电路，示波器，信号发生器，交流毫伏表。

四、实验内容

1. 低通滤波器

实验电路如图 2-8-2 所示。其中：反馈电阻 R_f 选 22kΩ 电位器，5.7kΩ 为设定值。

按表 2-8-1 内容测量、记录。

表 2-8-1　低通滤波器实验数据

u_i/V	1	1	1	1	1	1	1	1	1	1
f/Hz	5	10	15	30	60	100	150	200	300	400
u_o/V										

2. 高通滤波器

实验电路如图 2-8-3 所示，按表 2-8-2 内容测量、记录。

表 2-8-2　高通滤波器实验数据

u_i/V	1	1	1	1	1	1	1	1	1
f/Hz	10	16	50	100	130	160	200	300	400
u_o/V									

3. 带阻滤波器

实验电路如图 2-8-5 所示。

① 实测电路中心频率。

② 以实测中心频率为中心，测出电路幅频特性。

五、复习要求

① 复习教材有关滤波器内容。

② 分析图 2-8-2、图 2-8-3、图 2-8-4 所示电路，写出它们的增益特性表达式。

③ 计算图 2-8-2、图 2-8-3 电路的截止频率及图 2-8-5 电路的中心频率。

④ 画出三个电路的幅频特性曲线。

六、实验报告

① 整理实验数据，画出各电路曲线，并与计算值对比分析误差。

② 如何组成带通滤波器？试设计一中心频率为 300Hz，带宽 200Hz 的带通滤波器。

七、思考题

① 如何提高有源滤波器品质因数？在电路中改变哪些元件参数？

② 如何区别低通滤波器的一阶和二阶电路？它们有什么相同点和不同点？它们的幅频特性曲线有区别吗？

③ 在幅频特性曲线的测量中，改变信号的频率时，信号的幅值是否也要做相应的改变？为什么？

实验九　电压比较器

一、实验目的

① 掌握电压比较器的电路构成及特点；

② 学会测试电压比较器的方法。

二、实验原理

电压比较器是对集成运算放大器非线性应用的典型电路，它将一个模拟电压信号和一个参考电压相比较，在两者幅度相等的附近，输出电压将产生跃变，使输出为高电平或低电平。比较器可以组成非正弦波形变换电路，应用于模拟与数字信号转换等领域。

图 2-9-1(a)所示为一个最简单的电压比较器，U_R为参考电压，加在运放的同相输入端，输入电压 u_i加在反相输入端。

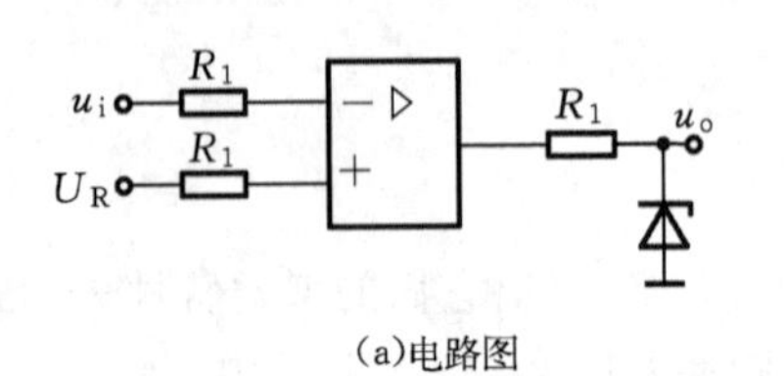

(a)电路图

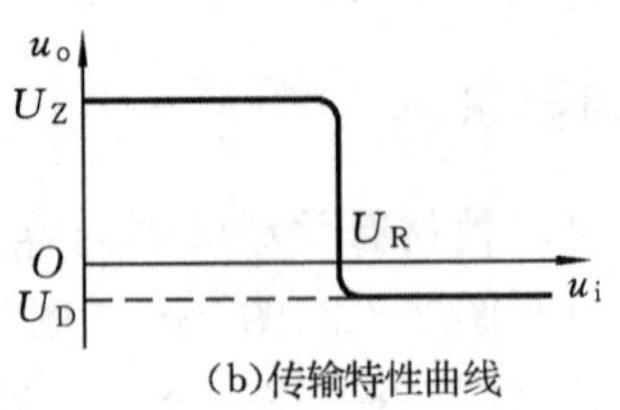

(b)传输特性曲线

图 2-9-1　电压比较器

当 $u_i<U_R$时，运放输出高电平，稳压管 D_Z进行反向稳压工作。输出端电位被其箝位在稳压管的稳定电压 U_Z，即 $u_o=U_Z$。

当 $u_i>U_R$时，运放输出低电平，D_Z正向导通，输出电压等于稳压管的正向压降 U_D，即 $u_o=-U_D$，因此，以 U_R为界，当输入电压 u_i变化时，输出端反映出两种状态，高电位和低电位。表示输出电压与输入电压之间关系的特性曲线，称为传输特性。图 2-9-1(b)所示为比较器的传输特性曲线。

常用的电压比较器有过零比较器、具有滞回特性的过零比较器和双限比较器（又称窗口比较器）等。

1. 过零比较器

图 2-9-2 所示电路为加限幅电路的过零比较器，D_Z为限幅稳压管。信号从运放的反相输入端输入，参考电压为零，从同相端输入。当 $u_i>0$ 时，输出 $u_o=$

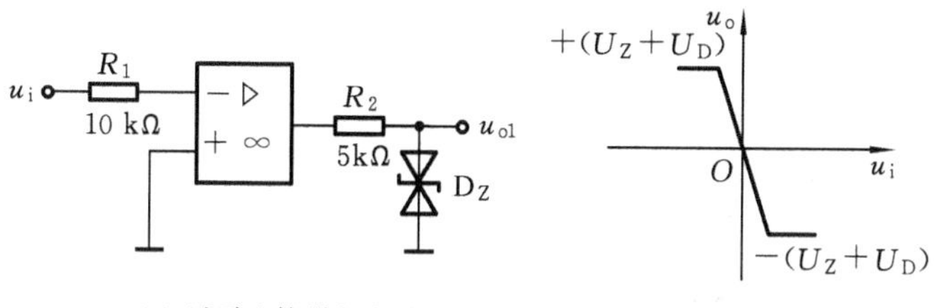

(a) 过零比较器电路图　　(b) 电压传输特性曲线

图 2-9-2　过零比较器

$-(U_Z+U_D)$；当 $u_i<0$ 时，$u_o=+(U_Z+U_D)$，其电压传输特性如图 2-9-2(b)所示。

过零比较器的结构简单，灵敏度高，但抗干扰能力差。

2. 滞回比较器

图 2-9-3 所示为具有滞回特性的过零比较器。滞回比较器在实际工作时，如果 u_i恰好在过零值附近，则由于零点漂移的存在，u_o将不断由一个极限值转换到另一个极限值，这在控制系统中，对执行机构将是很不利的。为此，就需要输出特性具有滞回现象。如图 2-9-3 所示，从输出端引一条电阻分压支路到同相输入端，形成正反馈。若 u_o改变状态，A 点也随之改变电位，使过零点离开原来位置。当 u_o为正（记作 U_+），$U_A=\frac{R_2}{R_f+R_2}U_+$，则当 $u_i>U_A$后，u_o即由正变负（记作 U_-），此时 U_A变为 $-U_A$。故只有当 u_i下降到 $-U_A$以下，才能使 u_o再度回升到 U_+，于是出现图 2-9-3(b)中所示的滞回特性。

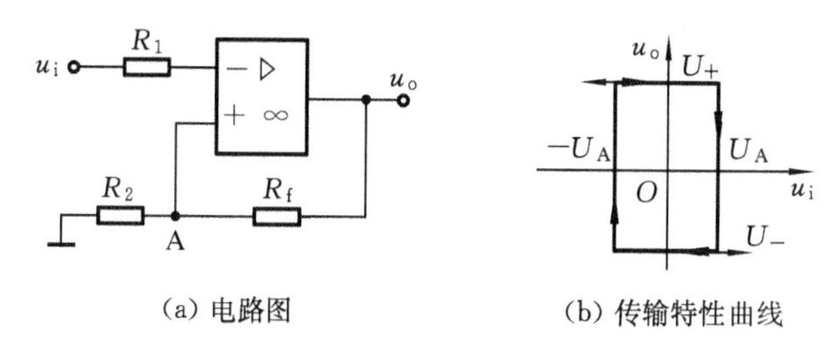

(a) 电路图　　(b) 传输特性曲线

图 2-9-3　滞回比较器

$-U_A$与 U_A的差值称为回差电压。改变 R_2的数值可以改变回差电压的大小。

3. 窗口(双限)比较器

简单的比较器仅能鉴别输入电压 u_i比参考电压 U_R高或低的情况，窗口比较电路是由两个简单比较器组成，如图 2-9-4 所示，它能指示出 u_i的值是否处于U_R^+和 U_R^-之间。如 $U_R^-<u_i<U_R^+$，窗口比较器的输出电压 u_o等于运放的正饱和输出电压（$U_{0,\max}^+$），如果 $u_i<U_R^-$；或 $u_i>U_R^+$，则输出电压 u_o等于运放的负饱和输出电压（$U_{0,\max}^-$）。

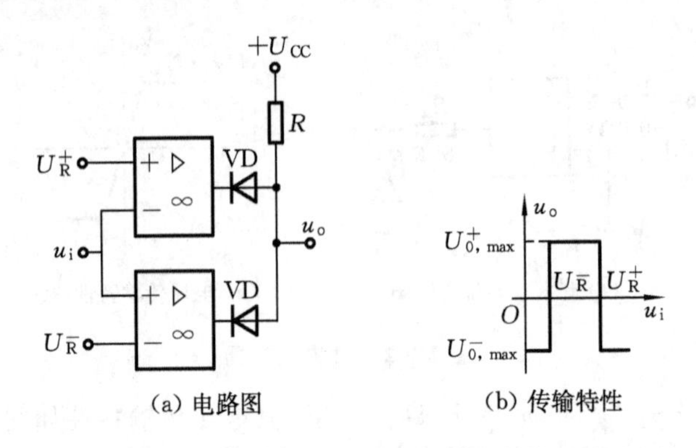

(a) 电路图　　(b) 传输特性

图 2-9-4　由两个简单比较器组成的窗口比较器

三、实验设备

电压比较电路，双踪示波器，信号发生器，数字万用表。

四、实验内容

1. 过零比较器

实验电路如图 2-9-2(a)所示。

① 按图接线，u_i悬空时测 u_o的电压。

② u_i输入 500 Hz、有效值为 1 V 的正弦波，观察波形并记录。

③ 改变 u_i幅值，观察 u_o变化。

2. 反向滞回比较器

实验电路如图 2-9-5 所示。

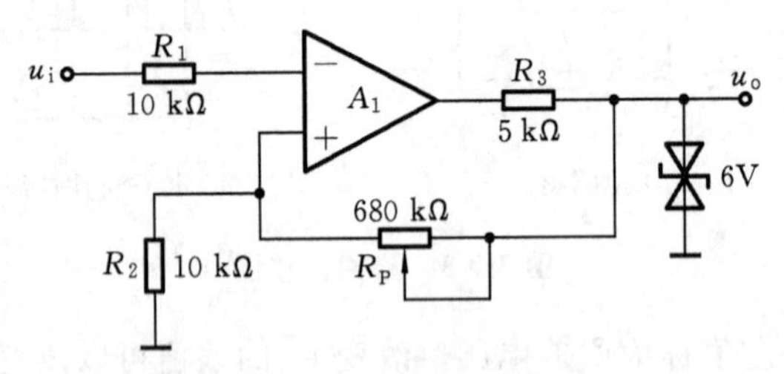

图 2-9-5　反向滞回电压比较器

① 按图接线，并将 R_f调为 100 kΩ，u_i接 DC 电压源。测出 u_o由 $+U_{\infty}$ 到 $-U_{\infty}$ 时 u_i的临界值。

② 同上，测 u_o由 $-U_{\infty}$ 到 $+U_{\infty}$ 时 u_i的临界值。

③ u_i接 500 Hz、有效值为 1 V 的正弦波。观察并记录 u_i-u_o波形。

④ 将电路中 R_f调为 200 kΩ，重复上述实验。

3. 同相滞回比较器

实验电路如图 2-9-6 所示。

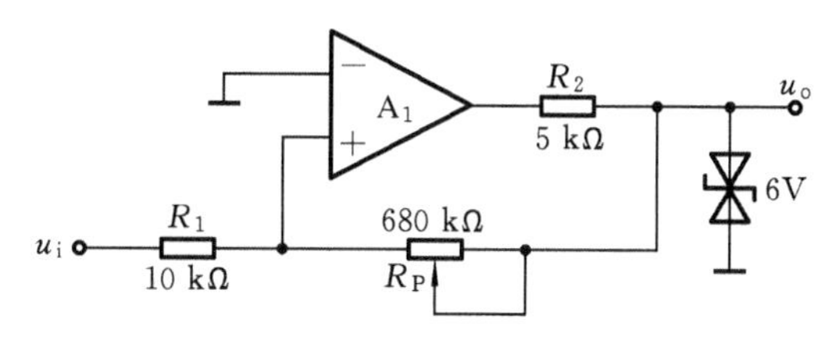

图 2-9-6　同相滞回比较器

① 参照 2 自拟实验步骤及方法。

② 将结果与 2 相比较。

五、复习要求

① 分析图 2-9-1 电路，回答以下问题。

a. 比较器是否要调零？原因何在？

b. 比较器两个输入端电阻是否要求对称？为什么？

c. 运放两个输入端电位差如何估计？

② 分析图 2-9-2 电路，计算：

a. 使 u_o由$+U_{om}$变为$-U_{om}$的 u_i临界值；

b. 使 u_o由$-U_{om}$变为$+U_{om}$的 u_i临界值；

c. 若由 u_i输入有效值为 1 V 正弦波，试画出 u_i-u_o波形图。

③ 分析图 2-9-3 电路，重复回答第 2 题的各问题。

④ 按实习内容准备记录表格及记录波形的坐标纸。

六、实验报告

① 整理实验数据及波形图，并与预习计算值比较。

② 总结几种比较器的特点，说明它们的用途。

七、思考题

若将双限(窗口)比较器的电压传输高、低电平对调，应如何改动比较器电路？

实验十　集成电路 RC 正弦波振荡器

一、实验目的

① 掌握桥式 RC 正弦波振荡器的电路构成及工作原理；

② 熟悉正弦波振荡器的调整、测试方法；

③ 观察 RC 参数对振荡频率的影响，学习振荡频率的测定方法。

二、实验原理

从结构上看，正弦波振荡器是没有输入信号的、带选频网络的正反馈放大器。若用 R、C 元件组成选频网络，就称为 RC 振荡器，一般用来产生 1 Hz～1 MHz 的低频信号。

1. RC 串并联网络（文氏电桥）振荡器

电路形式如图 2-10-1 所示。

振荡频率：$f_0=\dfrac{1}{2\pi RC}$

起振条件：$|A|>3$

电路特点：可方便地连续改变振荡频率，便于加负反馈稳幅，容易得到良好的振荡波形。

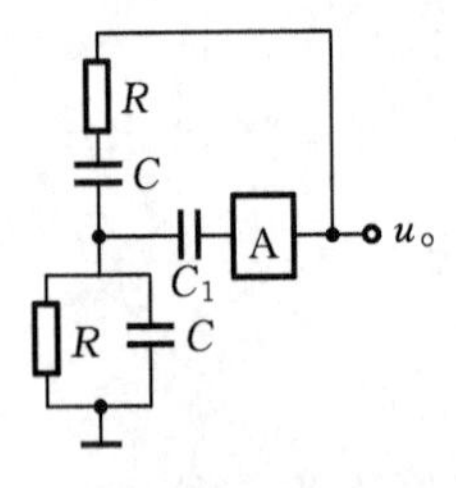

图 2-10-1　RC 串并联网络（文氏电桥）振荡器电路

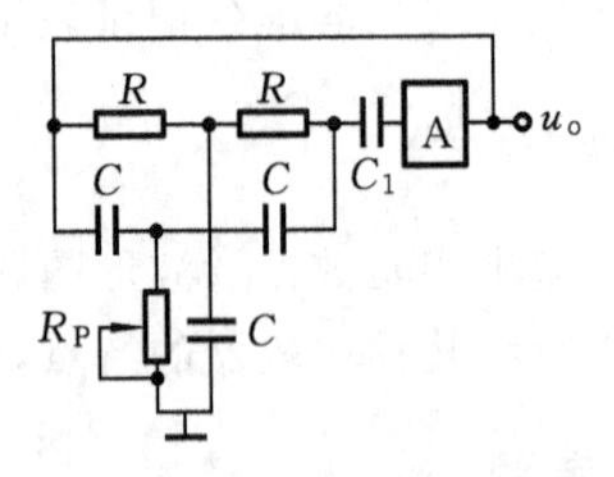

图 2-10-2　双 T 选频网络振荡器电路

2. 双 T 选频网络振荡器

电路形式如图 2-10-2 所示。

振荡频率：$f_0=\dfrac{1}{5RC}$

起振条件：$R'<\dfrac{R}{2}$，$|\dot{A}\dot{F}|>1$

电路特点：选频特性好，调频困难，适用于产生单一频率的振荡的场合。

三、实验设备

RC 正弦振荡电路，双踪示波器，低频信号发生器，频率计。

四、实验内容

① 按图 2-10-3 接线，注意电阻 $R_P=R_1$需预先调好再接入。

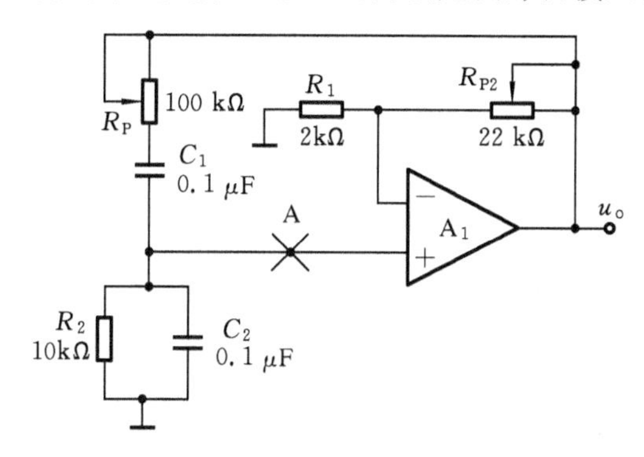

图 2-10-3　*RC* 正弦波振荡器

② 用示波器观察输出波形。

③ 用频率计测上述电路输出频率，若无频率计可按图 2-10-4 接线。用李沙育图形法测定，测出 u_o的频率 f_{o1}并与计算值比较。

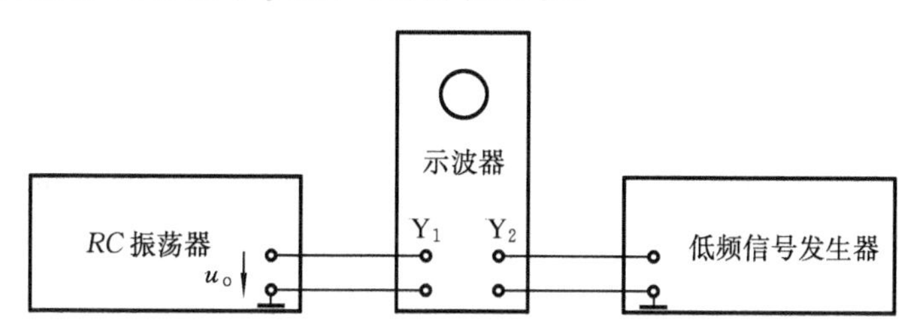

图 2-10-4　李沙育图形法测频率

④ 改变振荡频率。

在实验箱上设法使文氏桥电阻 $R=10\ \text{k}\Omega+20\ \text{k}\Omega$，先将 R_{P1}调到 30 kΩ，然后在 R_1与地端串入 1 个 20 kΩ 电阻即可。

注意：改变参数前，必须先关掉实验箱电源开关，检查无误后再接通电源。测 f_0之前，应适当调节 R_{P2}使 u_o无明显失真后，再测频率。

⑤ 测定运算放大器放大电路的闭环电压放大倍数 A_{uf}。

先测出图 2-10-3 电路的输出电压值 u_o后，关闭实验箱电源，保持 R_{P2}及信号发生器频率不变，断开图 2-10-3 中“A”点接线，把低频信号发生器的输出电压接至一个 1 kΩ 的电位器上，再从这个 1 kΩ 电位器的滑动接点取 u_i 接至运放同相输入端。如图 2-10-5 所示调节 u_i 使 u_o 等于原值，测出此时的 u_i 值，则 $A_{uf}=u_o/u_i=$________。

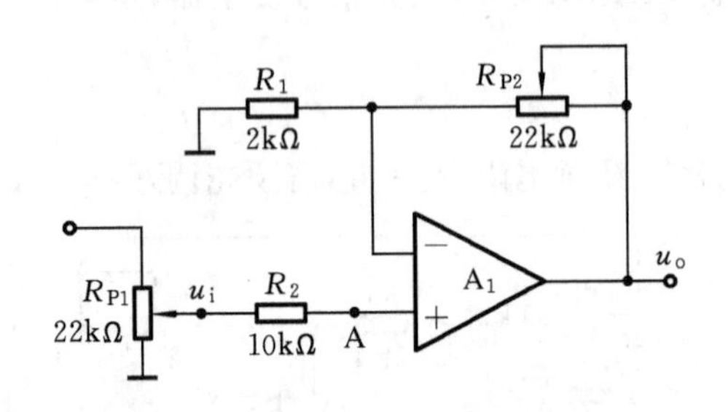

图 2-10-5 闭环电压放大倍数测试电路

⑥ 自拟详细步骤，测定 RC 串并联网络的幅频特性。

五、复习要求

① 复习 RC 桥式振荡器的工作原理。

② 完成下列填空题。

a. 图 2-10-3 中，正反馈支路是由________组成，这个网络具有________特性，要改变振荡频率，只要改变________或________的数值即可。

b. 图 2-10-3 中，R_{P1} 和 R_1 组成________反馈，其中________是用来调节放大器的放大倍数，使 $A_o \geqslant 3$。

六、实验报告

① 电路中哪些参数与振荡频率有关？将振荡频率的实测值与理论估算值比较，分析产生误差的原因。

② 总结改变负反馈深度对振荡器起振的幅值条件及输出波形的影响。

③ 总结出 RC 串并联网络的幅频特性。

七、思考题

①在图 2-10-3 电路中，若元件完好，接线正确，电源电压正常，而 $u_o=0$，原因何在？应怎么办？

② 正弦振荡电路有输出但出现明显失真，应如何解决？

实验十一　互补对称功率放大器

一、实验目的

① 了解 OTL 功率放大器的组成和工作原理；

② 掌握 OTL 功率放大器的性能指标和测试方法；

③ 了解克服交越失真的办法。

二、实验原理

图 2-11-1 所示为 OTL 低频功率放大器。其中由晶体三极管 V_1组成推动级(也称为前置放大级)，V_2、V_3是一对参数对称的 NPN 和 PNP 型晶体三极管，它们组成互补推挽 OTL 功放电路。由于每一个管子都接成射极输出器形式，因此具有输出电阻低、负载能力强等优点，适合于作功率输出级。

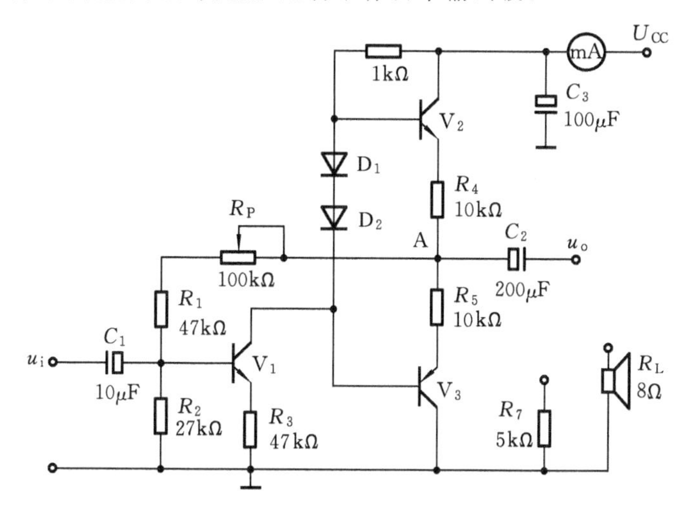

图 2-11-1　OTL 低频功率放大器电路

V_1管工作于甲类状态，它的集电极电流 I_{C1}由电位器 R_P进行调节。I_{C1}的一部分流过二极管 D_1、D_2，给 V_2、V_3提供偏压，可以使 V_2、V_3得到合适的静态电流而工作于甲、乙类状态，以克服交越失真。静态时要求输出端中点 A 的电位 $U_A=\frac{1}{2}U_{CC}$，这可以通过调节 R_P来实现。又由于 R_P的一端接在 A 点，因此在电路中引入交、直流电压并联负反馈，一方面能够稳定放大器的静态工作点，同时也减少了非线性失真现象。

正弦交流信号 u_i 输入时，经 V_1 放大、倒相后同时作用于 V_2、V_3 的基极。u_i 的负半周使 V_2 管导通（V_3 管截止），有电流通过负载 R_7，同时向电容 C_2 充电。在 u_i 的正半周，V_3 导通（V_2 截止）。则已充好电的电容器 C_2 起着电源的作用，通过负载 R_7 放电，这样在 R_7 上就得到完整的正弦波。

OTL 电路的主要性能指标如下。

（1）最大不失真输出功率 P_{om}

理想情况下，$P_{om}=\frac{1}{8}\frac{U_{CC}^2}{R_L}$。在实验中可通过测量 R_L 两端的电压有效值，来求得实际的 $P_{om}=\frac{U_o^2}{R_L}$。

（2）效率 η

$$\eta=\frac{P_{om}}{P_E}\times100\%$$

P_E 为直流电源供给的平均功率。

理想情况下，$\eta_{max}=78.5\%$。在实验中可测得电源供给的平均电流 I_{dc}，从而求得 $P_E=U_{CC}\cdot I_{dc}$。负载上的交流效率已用上述方法求出，因而也就可以计算实际效率。

（3）频率响应

电路对不同输入频率的响应，高保真功率放大器在频率范围 20 Hz～20 kHz 频率范围内应保证输出平坦。

（4）输入灵敏度

输入灵敏度是指输出最大不失真功率时，输入信号 U_i 的值。

三、实验设备

OTL 功率放大电路，信号发生器，示波器，交流毫伏表。

四、实验内容

① 静态工作点的测试。

按图 2-11-1 电路所示接线，将输入信号设为零（$u_i=0$），通电，注意观察电路有无异常现象（注意电流表读数），然后开始调试。

a. 调整直流工作点。调节电位器 R_P，使 A 点电压为 $0.5U_{CC}$。

b. 输入 $u_i=5$ mV，$f=1$ kHz 的正弦交流信号，接入负载 R_L，观察电路有无交越失真。

c. 测量各管的静态工作点，记入表 2-11-1 中。

表 2-11-1 静态工作点实验数据

	U_B/V	U_C/V	U_E/V
V_1			
V_2			
V_3			

② 测量最大不失真输出功率 P_{om}与效率 η。

a. 测量 P_{om}。

输入端接入 f=1 kHz 的正弦信号 u_i，输出端用示波器观察输出电压波形u_o波形，逐渐加大 u_i，使输出电压达到最大不失真输出，用毫伏表测出负载 R_L上的电压 U_{om}，则

$$P_{om}=\frac{U_{om}^2}{R_L}$$

b. 测量 η。

当输出电压为最大不失真输出时，读出直流毫安表中的电流值，此电流为直流电源供给电路总的直流电流 I_{dc}，由此可近似求得 $P_E=U_{CC}\cdot I_{dc}$，再根据上面测得的P_{om}，即可求得 $\eta=\frac{P_{om}}{P_E}\times100\%$。

③ 输入灵敏度。

根据输入灵敏度的定义，测出输出功率 $P_o=P_{om}$时的输入电压值 u_i即可。

④ 频率响应测试。

使输入电压 u_i=5 mV，改变信号源频率，逐点测出相应的输出电压 u_o，记入表 2-11-2 中。

表 2-11-2 频率响应测试数据

f/Hz	50	100	250	500	1 000	2 500	5 000	10 000	20 000
u_o/V									

⑤ 改变电源电压(例如由+12V 变为+6V)，测量并比较输出功率和效率。

⑥ 比较放大器在带 5 kΩ 和 8Ω 负载(扬声器)时的功耗和效率。

五、复习要求

① 分析图 2-11-1 电路中各三极管工作状态及交越失真情况。

② 电路中若不加输入信号，V_2、V_3管的功耗是多少？

③ 电阻 R_4、R_5的作用是什么？

④ 根据实验内容自拟实验步骤及记录表格。

六、实验报告

① 分析实验结果，计算实验内容要求的参数。

② 总结功率放大电路特点及测量方法。

七、思考题

① 如何区分功率放大器的甲类、乙类、甲乙类三种工作状态？它们各有什么特点？电路 2-11-1 中 V_1、V_2、V_3各工作在什么状态？

② 图 2-11-1 电路中，D_1、D_2如果有一个反接或开路，A 点电位是否会发生变化？

实验十二 集成功率放大器

一、实验目的

① 熟悉集成功率放大器的特点；

② 掌握集成功率放大器的主要性能指标及测量方法。

二、实验原理

本实验电路采用低压音频集成功率放大电路 LM386，其实验电路和内部电路组成分别如图 2-12-1、图 2-12-2 所示。

该电路包括由 $V_1 \sim V_6$ 前置放大级等组成的前置放大电路，V_7 等组成的推动级，$V_8 \sim V_{10}$ 等组成的甲、乙类准互补功率输出级。它的电压增益为 26 dB。如在增益端子 1、8 间并联一只电容则可使电压增益提高到 40 dB；如在端子 1、5 之间并联一个电阻，则可改变电路的反馈深度。该电路没有自举电路，因而不能实现自举功能。主要技术指标可参照 OTL 分立功率放大器。

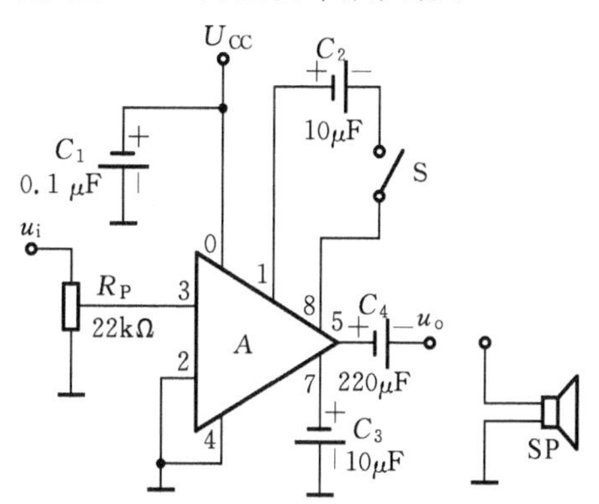

图 2-12-1 LM386 组成的集成功率放大器

三、实验设备

集成功率放大电路，示波器，信号发生器，万用表。

四、实验内容

① 按图 2-12-1 电路连接电路，不加信号时测静态工作点，完成表 2-12-1。

表 2-12-1 静态工作点测试数据

管脚	1	2	3	4	5	6	7	8
U/V								

②在输入端接 f=1 kHz 的正弦信号，用示波器观察输出波形、逐渐增加输入电压幅度，直至出现失真为止，记录此时输入电压、输出电压幅值，并记录波形。

③ 去掉1、8脚间的10 μF 电容，重复上述实验。

④ 改变电源电压(选5V、9V两挡)，重复上述实验。

⑤ 改变输入频率，测量该电路的上限和下限截止频率。

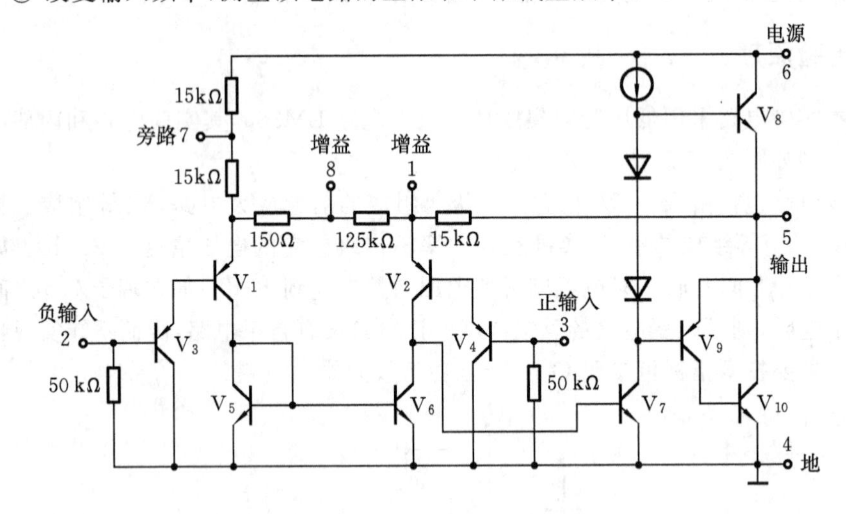

图 2-12-2 LM386 组成的内部框图

五、复习要求

① 复习集成功率放大器工作原理，对照图 2-12-2 分析电路工作原理。

② 在图 2-12-1 电路中，若 U_{CC}=12 V，R_L=8 Ω，估算该电路的 P_{om}、P_V值。

六、实验报告

① 据实验测量值，计算各种情况下 P_{om}、P_V及 η。

② 作出电源电压与输出电压、输出功率的关系曲线。

七、思考题

在芯片允许的功率范围内，加大输出功率的措施有哪些？

实验十三　串联型直流稳压电路

一、实验目的

① 研究稳压电源的主要特性，掌握串联稳压电路的工作原理；

② 学会稳压电源的调试及测量方法。

二、实验原理

图 2-13-1 所示为分立元件组成的串联型稳压电源的电路图。它由调整元件（晶体管 V_1、V_2），比较放大器 V_3、R_1，取样电路 R_4、R_5、R_P，基准电路 D_W、R_3，保护电阻 R_2组成。整个稳压电路是一个具有电压串联负反馈的闭环系统。其稳压过程为：当电网电压波动或负载变动引起输出直流电压发生变化时，取样电路取出输出电压的一部分送入比较放大器，并与基准电压进行比较，产生的误差信号经 V_3放大后送至调整管 V_2的基极，使调整管 V_1改变其管压降，以补偿输出电压的变化，从而达到稳定输出电压的目的。

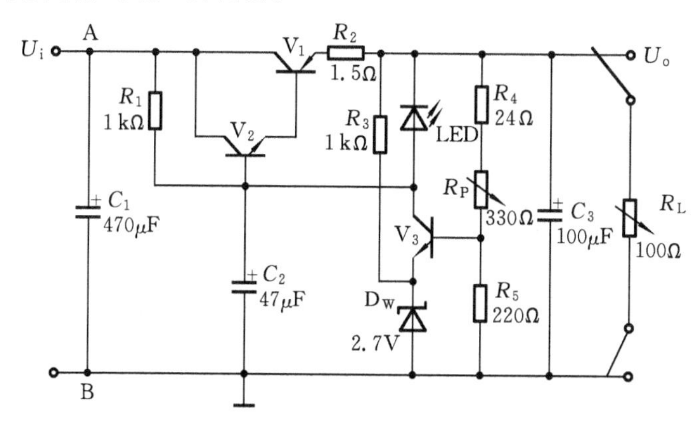

图 2-13-1　串联型直流稳压电源电路

由于在稳压电路中，调整管与负载串联，因此流过它的电流与负载电流一样大。当输出电流过大或发生短路时，调整管会因电流过大或电压过高而损坏，所以需要对调整管加以保护，在电路中，电阻 R_2起保护作用，稳压电源的主要性能指标如下。

① 输出电压 U_o和输出电压调节范围为

$$U_o = \frac{R_4 + R_P + R_5}{R_5}(U_Z + U_{BE3})$$

调节 R_P 可以改变输出电压 U_o。

② 最大负载电流 I_{om}。

③ 输出电阻 R_o。

输出电阻 R_o 定义为：当输入电压 U_i（指稳压电路输入电压）保持不变时，由于负载变化而引起的输出电压变化量与输出电流变化量之比，即

$$R_o = \left.\frac{\Delta U_o}{\Delta I_o}\right|_{U_i=\text{常数}}$$

④ 稳压系数 S（电压调整率）。

稳压系数定义为：当负载保持不变时，输出电压相对变化量与输入电压相对变化量之比，即

$$S = \left.\frac{\Delta U_o / U_o}{\Delta U_i / U_i}\right|_{R_L=\text{常数}}$$

由于工程上常把电网电压波动±10%作为极限条件，因此也有将此时输出电压的相对变化 $\Delta U_o/U_o$ 作为衡量指标，称为电压调整率。

⑤ 纹波电压。

输出纹波电压是指在额定条件下，输出电压中所含交流分量的有效值（或峰值）。

三、实验内容

1. 静态调试

① 按图 13-1 接线，负载 R_L 开路，即稳压电源空载。

② 将电源调到 9 V 接到 U_i 端，再调电位器 R_P，使 U_o=6 V。测量各三极管的 Q 点。

③ 调试输出电压的调节范围：调节 R_P 观察输出电压 U_o 的变化情况，记录 U_o 的最大值和最小值。

2. 动态测量

① 测量电源稳压特性。使稳压电源处于空载状态，调可调电源电位器，模拟电网电压波动±10%，即 U_i 由 8 V 变到 10 V，测量相应的 ΔU_o。根据 $S = \left.\frac{\Delta U_o / U_o}{\Delta U_i / U_i}\right|_{R_L=\text{常数}}$ 计算稳压系数。

② 测量稳压电源内阻。稳压电源的负载电流由空载变化到额定值 I_L=100 mA 时，测量输出电压 U_o 的变化量即可求出电源内阻 $R_o = \frac{\Delta U_o}{\Delta I_o}$，测量过程中使 U_i=9 V 保持不变。

③ 测试输出的纹波电压，将图 2-13-1 所示的电压输入到端 V_1接到图 2-13-2 所示的整流滤波电路输出端(即接通 A—a，B—b)，在负载电流 $I_L=100$ mA 条件下，用示波器观察稳压电源输入/输出中的交流分量 u_o，描绘其波形。用晶体管毫伏表测量交流分量的值。

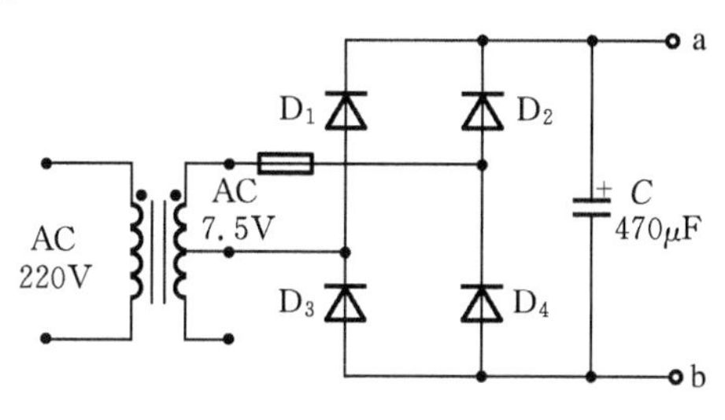

图 2-13-2　整流滤波电路

3. 输出保护

① 在电源输出端接上负载 R_L同时串接电流表；并用电压表监视输出电压，逐渐减小 R_L值，直到短路。注意发光二极管 LED 逐渐变亮，记录此时的电压、电流值。

②逐渐加大 R_L值，观察并记录输出电压、电流值。注意：此实验中短路时间应尽量短(不超过 5 s)，以防止元器件过热，损坏元件。

四、实验设备

串联型直流稳压电路，示波器，数字万用表，交流毫伏表。

五、复习要求

① 估算图 2-13-1 电路中各三极管的 Q 点(设：各管的 $\beta=100$，电位器 R_P滑动端处于中间位置)。

② 分析图 2-13-1 电路中电阻 R_2和发光二极管 LED 的作用。

③ 画好数据表格。

六、实验报告

① 对静态调试及动态测试进行总结。

② 计算稳压电源内阻 $r_o=\Delta U_o/\Delta I_L$及稳压系数 S。

③ 对部分思考题进行讨论。

七、思考题

① 如果把图 2-13-1 电路中电位器 R_P的滑动端往上(或是往下)调，各三极管

的 Q 点将如何变化？

② 调节 R_L 时，V_3 的发射极电位如何变化？电阻 R_L 两端电压如何变化？

③ 如果把 C_3 去掉(开路)，输出电压将如何？

④ 这个稳压电源哪个三极管消耗的功率最大？

⑤ 如何改变电源保护值？

实验十四　集成稳压器

一、实验目的

① 了解集成稳压器特性和使用方法；

② 掌握直流稳压电源主要参数测试方法。

二、实验原理

电子设备一般都需要直流电源供电。这些直流电除了少数直接利用于电池和直流发电机外，大多数是采用把交流电（市电）转变为直流电的直流稳压电源。这样的直流输出电压，会随交流电网电压的波动或负载的变动而变化。在对直流供电要求较高的场合，还需要使用稳压电路，以保证输出直流电压更加稳定。

随着半导体工艺的发展，稳压电路也制成了集成器件。由于集成稳压器具有体积小、外接线路简单、使用方便、工作可靠和通用等优点，因此在各种电子设备中应用十分普遍，基本上取代了由分立元件构成的稳压电路。集成稳压器的种类很多，应根据设备对直流电源的要求来进行选择。对于大多数电子仪器、设备和电子电路来说，通常是选用串联线性集成稳压器。而在这种类型的器件中，又以三端式稳压器应用最为广泛。

78、79 系列三端式集成稳压器的输出电压是固定的，在使用中不能进行调整。78 系列三端式稳压器输出正极性电压，一般有 5 V、6 V、9 V、12 V、15 V、18 V、24 V 这 7 个挡，输出电流最大可达 1.5 A（加散热片）。同类型 78M 系列稳压器的输出电流为 0.5 A，78L 系列稳压器的输出电流为 0.1 A。若要求负极性输出电压，可选用 79 系列稳压器。

图 2-14-1 所示为 W7800 系列的外形和接线图，它有三个引出端：

① 输入端 IN（不稳定电压输入端），标以“1”；

② 输出端 OUT（稳定电压输出端），标以“3”；

③ 公共端 GND，标以“2”。

除固定输出三端稳压器外，还有可调式三端稳压器，后者可通过外接元器件对输出电压进行调整，以适应不同的需要。如 LM317L 配合一定的外接电阻、电位器等元件就可以实现输出电压可调功能。

稳压电源的主要性能指标有输出电压 U_o，最大负载电流 I_{om}，输出电阻 R_o，稳压系数（电压调整率）S，纹波电压等。

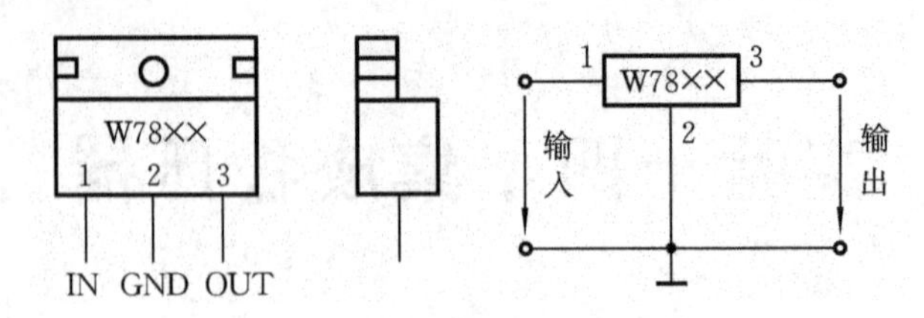

图 2-14-1 W78××系列外形及接线图

本实验所用集成稳压器为三端固定正稳压 78L05,它的主要参数有:输出直流电压 U_o=5 V,输出电流 I=0.1 A,电压调整率 10 mV/V,输出电阻 R_o=0.15 Ω,输入电压 U_i的范围为 8～15 V。因为一般 U_i要比 U_o大 3～5 V,才能保证集成稳压器工作在线性区。

三、实验内容

1. 稳压器的测试

实验电路如图 2-14-2 所示。

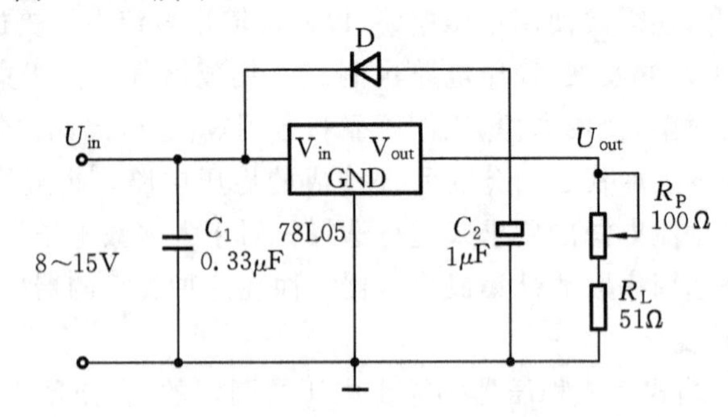

图 2-14-2 三端稳压器参数测试

测试内容:

① 稳定输出电压;

② 电压调整率;

③ 电流调整率;

④ 纹波电压(有效值或峰值)。

2. 稳压器性能测试

仍用图 2-14-2 的电路,测试直流稳压电源性能。

① 保持稳定输出电压的最小输入电压。

② 输出电流最大值及过流保护性能。

3. 三端稳压器灵活应用

① 改变输出电压实验电路,如图 2-14-3、图 2-14-4 所示。按图接线,测量上述

电路输出电压及变化范围。

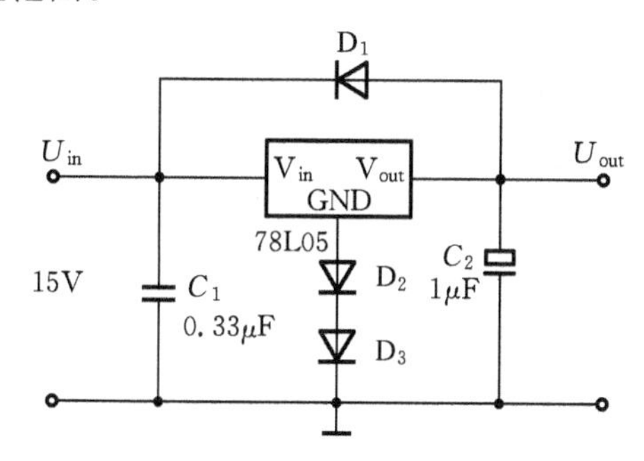

图 2-14-3　不同输出电压的实验电路

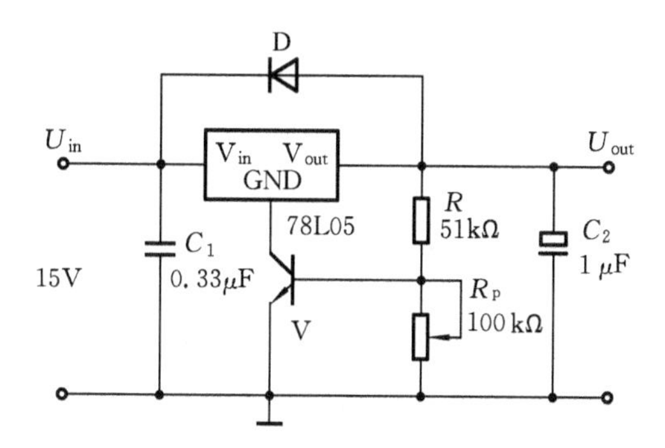

图 2-14-4　利用三极管输出不同电压的电路

② 组成恒流源。

实验电路如图 2-14-5 所示接线，并测试电路恒流作用。

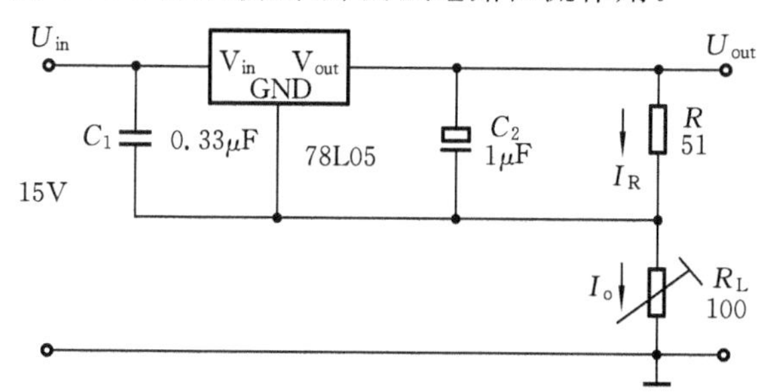

图 2-14-5　78L05 组成的恒流源电路

③ 可调稳压器。

a. 实验电路如图 2-14-6 所示。

LM317L 最大输入电压 40%输出 25～37 V 可调最大输出电流 100 mA。

(本实验只加 15 V 输入电压)

b. 按图接线，并测试。

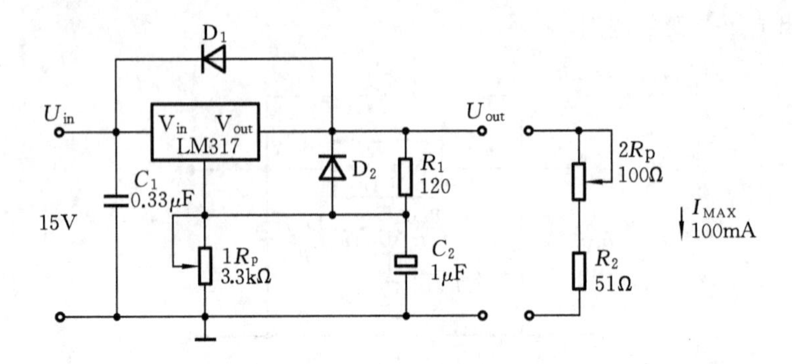

图 2-14-6 可调稳压电源输出电路

- 电压输出范围；
- 按实验内容 1 测试各项指标。测试时将输出电压调到最高输出电压。

四、实验设备

集成稳压电路，示波器，数字万用表。

五、复习要求

① 复习教材直流稳压电源部分的电源主要参数及测试方法。

② 查阅手册，了解本实验稳压器的技术参数。

③ 计算图 2-14-5 电路中 $1R_p$的值。估算图 2-14-3 电路输出电压范围。

④ 拟定实验步骤及记录表格。

六、实验报告

① 整理实验报告，计算内容 1 的各项参数。

② 画出实验内容 2 的输出保护特性曲线。

③ 总结本实验所用两种三端稳压器的应用方法。

七、思考题

① 对于固定的三端集成稳压器，在一定范围内如何提高输出电压？请画出实施的电路图。

② 要提高稳压电源的输出电流，应如何改进电路？设计之。

第三章　数字电路实验

实验一　门电路逻辑功能及测试

一、实验目的

① 熟悉电路逻辑功能；

② 掌握门电路逻辑功能测试方法；

③ 了解逻辑门对脉冲信号的控制作用。

二、实验内容

实验前先检查实验箱电源是否正常，然后选择实验用的集成电路，接好连线，特别注意 V_{CC}、地线不能接错。线接好后，经实验指导教师检查无误方可通电实验。

1. 测试与非门逻辑功能

选用一只 74LS20，插入 IC 插座，按图 3-1-1 接线。将电平开关按表 3-1-1 置位，测出逻辑状态。

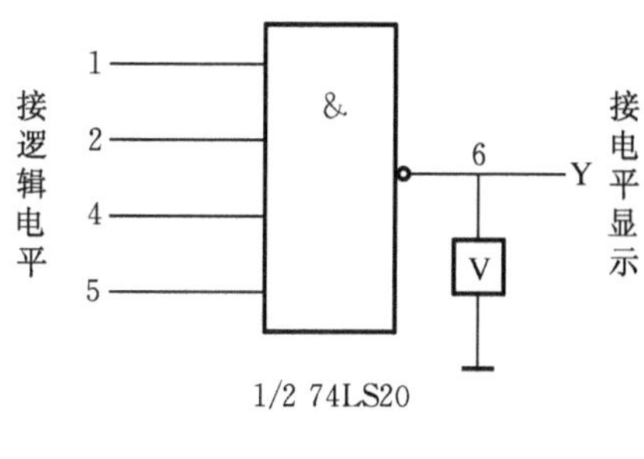

图 3-1-1

表 3-1-1

输入				输出
1	2	4	5	Y
1	**1**	**1**	**1**	
0	**1**	**1**	**1**	
0	**0**	**1**	**1**	
0	**0**	**0**	**1**	

2. 测试或非门的逻辑功能

选一只 74LS02 插入 IC 插座按图 3-1-2 接线，将电平开关按表 3-1-2 置位，测出逻辑状态。

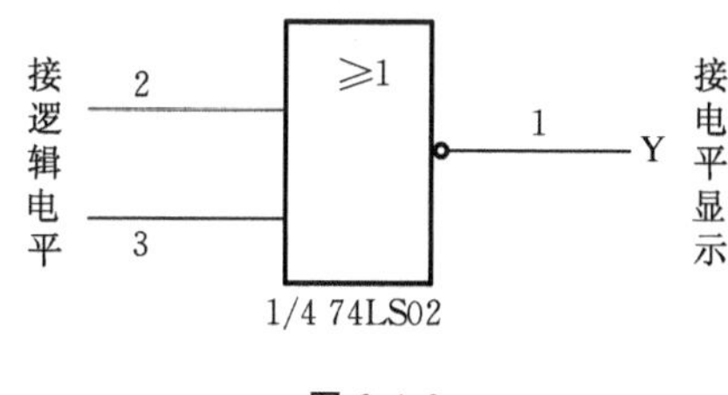

图 3-1-2

表 3-1-2

输入		输出
2	3	Y
0	**0**	
0	**1**	
1	**1**	

3. 测试与或非门的逻辑功能

选用一只 74LS54 插入 IC 插座，按图 3-1-3 接线，将电平开关按表 3-1-3 置位，测出逻辑状态。

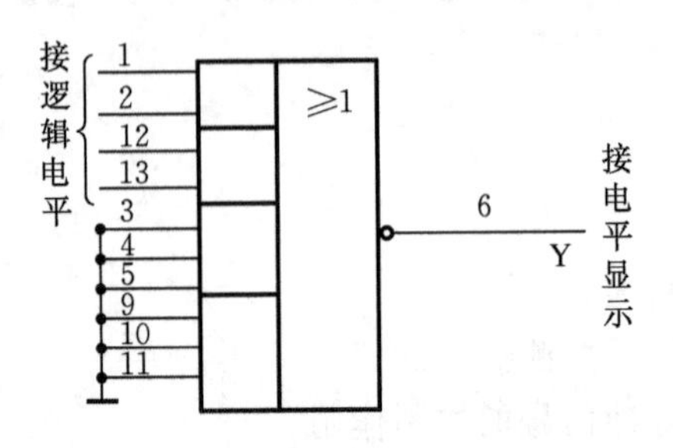

图 3-1-3

表 3-1-3

输入										输出
3	4	5	9	10	11	1	2	12	13	Y
0						1	0	1	0	
0						1	1	1	0	
0						1	1	0	0	
0						1	0	1	1	
0						0	0	1	1	
0						0	0	1	0	

4. 测试异或门的逻辑功能

选用一只 74LS86 插入 IC 插座，按图 3-1-4 接线。将电平开关按表 3-1-4 置位，分别测出逻辑状态。

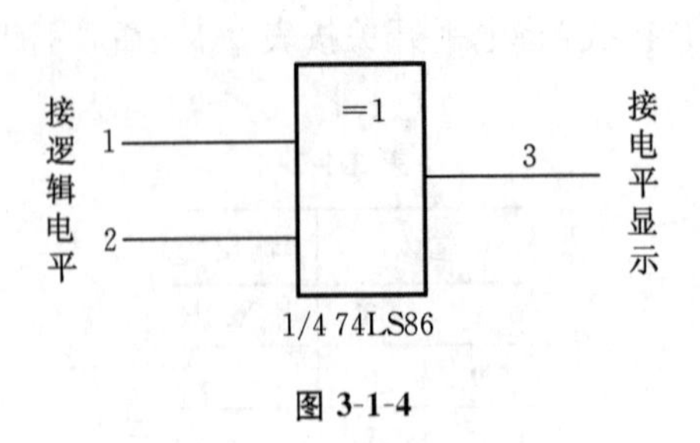

图 3-1-4

表 3-1-4

输入		输出
1	2	Y
0	0	
0	1	
1	1	

5. 利用门电路控制输出

用一片 74LS20 按图 3-1-5 接线，用示波器观察 S 对输出脉冲的控制作用。

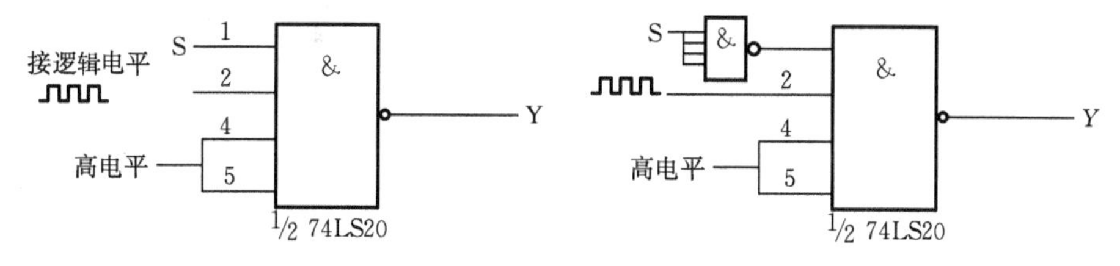

图 3-1-5

用一片 74LS02 按图 3-1-6 接线，用示波器观察 S 对输出脉冲的控制作用。

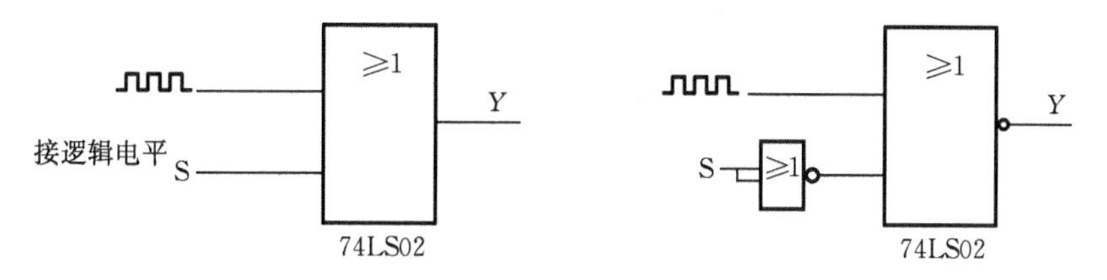

图 3-1-6

用一片 74LS86 按图 3-1-7 接线，用示波器观察 S 对输出脉冲的控制作用。

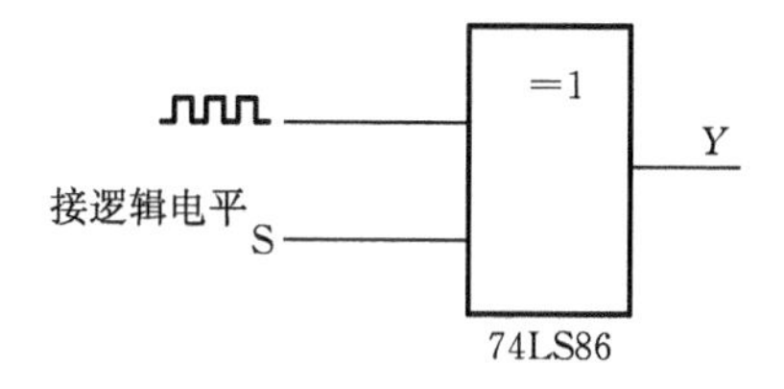

图 3-1-7

三、实验设备及器件

实验箱，双踪示波器，万用表，器件包括 74LS02、74LS20、74LS54、74LS86。

四、复习要求

① 复习门电路工作原理。

② 熟悉民用集成电路的引线及各引线用途。

③ 复习双踪示波器使用方法。

五、实验报告

① 写出 74LS54 的逻辑函数表达式。

② **与非**门、**或非**门、**异或**门一个输入端接连续脉冲，其余端为什么状态时，允许脉冲通过？什么状态时禁止脉冲通过？

③ 从实验结果中总结这四种电路是如何处理不同的输入端的。

④ **异或**门又称可控反相门，为什么？

实验二　集成门电路的逻辑变换及应用

一、实验目的

熟练掌握标准**与非**门实现逻辑电路变换的技巧。

二、实验原理

摩根定理：$\overline{A+B+C+\Lambda\Lambda}=\overline{A}\cdot\overline{B}\cdot\overline{C}$

$\overline{A\cdot B\cdot C\cdot\Lambda\Lambda}=\overline{A}+\overline{B}+\overline{C}$

在简化逻辑函数或进行逻辑变换时，这是一个十分有用的定理，应用摩根定理可以实现只用**与非**门或只用**或非**门就能完成**与**、**或**、**非**、**异或**等逻辑运算。由于实际工作中大量使用**与非**门，因此，对于一个表达式，应用摩根定理，用两次求反的方法，就能方便地实现两级**与非**门网络。例：用**与非**门去实现 $F=AB+CD$，$F=\overline{AB+CD}=\overline{\overline{AB}\cdot\overline{CD}}$。根据此表达式，很容易画出用**与非**门表示的逻辑图。如图 3-2-1 所示。

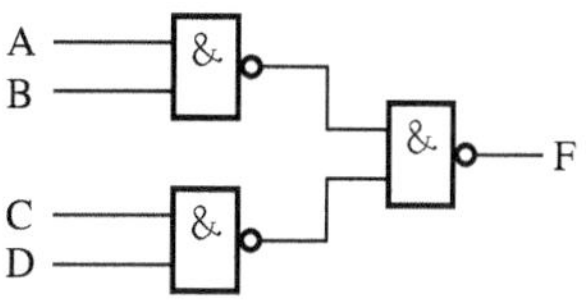

图 3-2-1

三、实验内容

① 用 TTL **与非**门组成下列门电路，并测试它们的逻辑功能。

a. **与**门　　　$F=A\cdot B$

b. **或**门　　　$F=A+B$

c. **异或**门　　$F=A\oplus B$

② 用 TTL 与非门构成一位半加器(输入为 A、B，输出为 S，进位为 C0)，并验证其逻辑功能。

四、实验设备

实验箱，万用表，74LS00，74LS20。

五、复习报告

复习门电路工作原理，设计出逻辑电路，并画出实验记录表格。

六、实验报告

① 写出用**与非**门构成各种门电路的表达式及它们的逻辑电路图，并用真值表记录实验结果。

② 实验现象。

③ 实验结论。

实验三　译码器及应用

一、实验目的

① 掌握译码器的工作原理及测试方法；

② 能够灵活地运用译码器实现各种电路；

③ 熟悉显示译码器的功能及数码显示。

二、实验原理

译码器是数字电路中用得很多的一种多输入多输出的组合逻辑电路。它的作用是把规定的代码“翻译”成相应的状态，使输出通道中相应的一路有信号输出。完成一种译码功能的电路称为译码器。它不仅用于代码转换、中断的数字显示，还用于数据分配、存储器寻址、组合逻辑信号等场合。

1. 通用译码器

二进制译码器大多数具有多路分配的功能：如 2-4 线译码器 74LS139，3-8 线译码器 74LS138，4-10 线译码器 74LS42 等。下面以 74LS138 和 74LS42 译码器为例加以说明。

图 3-3-1 是 74LS138 译码器的逻辑电路图和管脚图，其功能见表 3-3-1 所列。

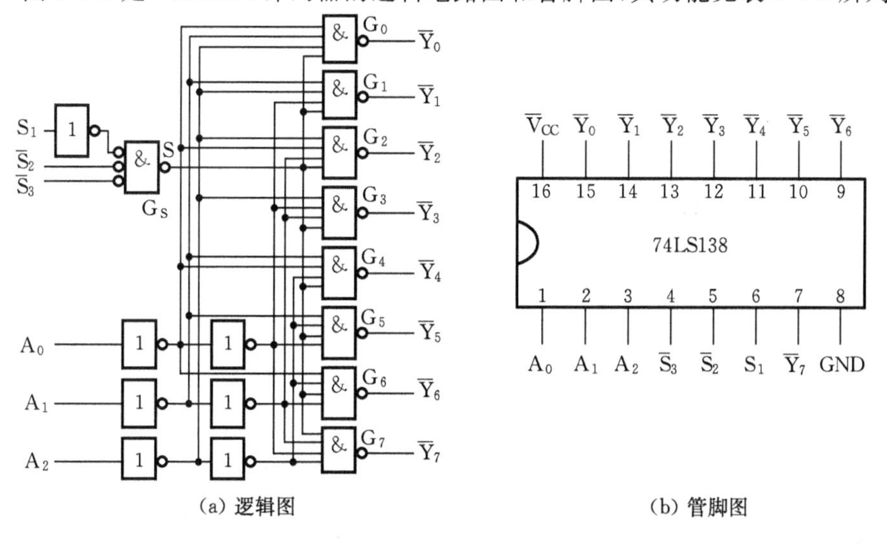

(a) 逻辑图　　(b) 管脚图

图 3-3-1　74LS138 译码器的逻辑电路图和管脚图

表 3-3-1 74LS138 功能表

输入					输出							
S_1	$\overline{S}_2+\overline{S}_3$	A_2	A_1	A_0	$\overline{Y}_0$	$\overline{Y}_1$	$\overline{Y}_2$	$\overline{Y}_3$	$\overline{Y}_4$	$\overline{Y}_5$	$\overline{Y}_6$	$\overline{Y}_7$
0	×	×	×	×	1	1	1	1	1	1	1	1
×	1	×	×	×	1	1	1	1	1	1	1	1
1	0	0	0	0	0	1	1	1	1	1	1	1
1	0	0	0	1	1	0	1	1	1	1	1	1
1	0	0	1	0	1	1	0	1	1	1	1	1
1	0	0	1	1	1	1	1	0	1	1	1	1
1	0	1	0	0	1	1	1	1	0	1	1	1
1	0	1	0	1	1	1	1	1	1	0	1	1
1	0	1	1	0	1	1	1	1	1	1	0	1
1	0	1	1	1	1	1	1	1	1	1	1	0

由逻辑电路图及功能表可知，其中 $A_0 \sim A_2$ 是译码器的输入端，$S_1 \sim S_3$ 为译码器数据选择端。

当 $S_1=1$，$S_2+S_3=0$ 时，则根据译码器选择输入条件在相应的输出端有信号输出 0，即低电平有效。例如：当 A_2、A_1、A_0 为 **000** 时，则 $Y_0=0$，其他输出端均为 1（无信号输出）。作为分配器工作时，数据输入可由 S_1 输入时，$S_2+S_3=0$，则 S_1 输入的数据由译码器由输入选择条件在相应的输出端传送出去，传送出去的是反码。同样，数据信号由 S_2+S_3 输入时，$S_1=1$，则传送出去是原码。

图 3-3-2 是 74LS42 译码器的逻辑电路图和管脚图，功能表如表 3-3-2 所列。

由逻辑电路图及功能表可知，74LS42 译码器没有选通端，它是拒绝伪码输入的。器件一旦遇到伪码输入，所有的输出端均为 **1**。当 Y_8、Y_9 输出端闲着不用时，A_2、A_1、A_0 可作为地址输入端，A_3 则可作为选通端。此时，74LS42 即成一个 3-8 线通用译码器。它不仅作为一般译码器之用，而且还可以作为数据分配器、节拍发生器、程序分配器和实现逻辑函数。

现在用 74LS138 译码器实现逻辑函数举一实例。

$$F = \overline{A}\,\overline{B}\,\overline{C} + \overline{A}B\,\overline{C} + A\,\overline{B}\,\overline{C} + ABC$$
$$= \overline{\overline{\overline{A}\,\overline{B}\,\overline{C}} \cdot \overline{\overline{A}B\,\overline{C}} \cdot \overline{A\,\overline{B}\,\overline{C}} + \overline{ABC}}$$

已知 74LS138 译码器功能特点输出是低电平有效，故

$$F = \overline{\overline{Y}_0\,\overline{Y}_2\,\overline{Y}_4\,\overline{Y}_7}$$

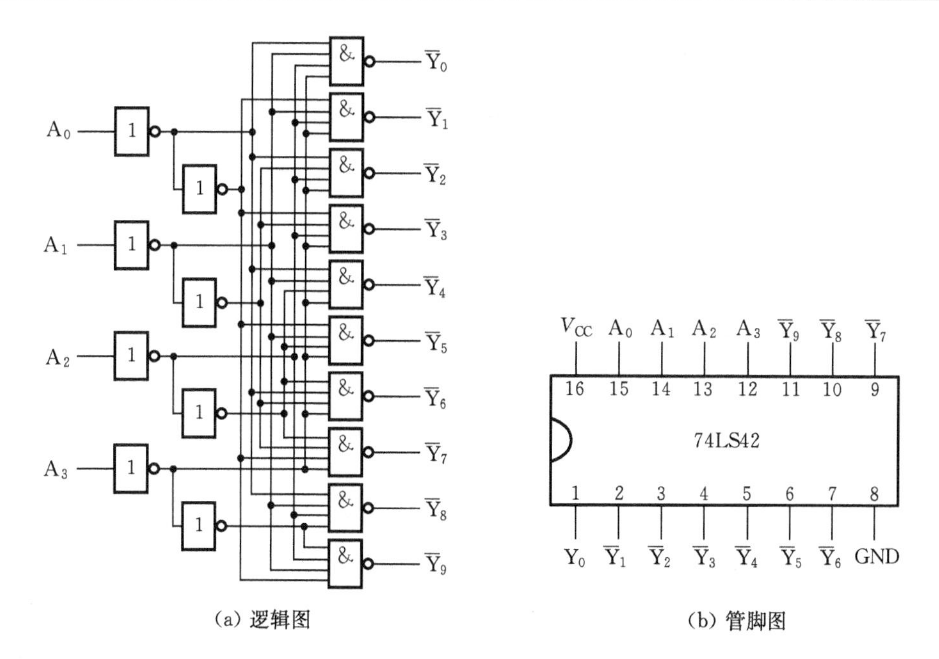

(a) 逻辑图　　(b) 管脚图

图 3-3-2　74LS42 译码器的逻辑电路图和管脚图

表 3-3-2　74LS42 功能表

序号	输入				输出									
	A_3	A_2	A_1	A_0	$\overline{Y}_0$	$\overline{Y}_1$	$\overline{Y}_2$	$\overline{Y}_3$	$\overline{Y}_4$	$\overline{Y}_5$	$\overline{Y}_6$	$\overline{Y}_7$	$\overline{Y}_8$	$\overline{Y}_9$
0	0	0	0	0	0	1	1	1	1	1	1	1	1	1
1	0	0	0	1	1	0	1	1	1	1	1	1	1	1
2	0	0	1	0	1	1	0	1	1	1	1	1	1	1
3	0	0	1	1	1	1	1	0	1	1	1	1	1	1
4	0	1	0	0	1	1	1	1	0	1	1	1	1	1
5	0	1	0	1	1	1	1	1	1	0	1	1	1	1
6	0	1	1	0	1	1	1	1	1	1	0	1	1	1
7	0	1	1	1	1	1	1	1	1	1	1	0	1	1
8	1	0	0	0	1	1	1	1	1	1	1	1	0	1
9	1	0	0	1	1	1	1	1	1	1	1	1	1	0
伪码	1	0	1	0	1	1	1	1	1	1	1	1	1	1
	1	0	1	1	1	1	1	1	1	1	1	1	1	1
	1	1	0	0	1	1	1	1	1	1	1	1	1	1
	1	1	0	1	1	1	1	1	1	1	1	1	1	1
	1	1	1	0	1	1	1	1	1	1	1	1	1	1
	1	1	1	1	1	1	1	1	1	1	1	1	1	1

根据此表达式就可以画出逻辑电路图，如图 3-3-3 所示。

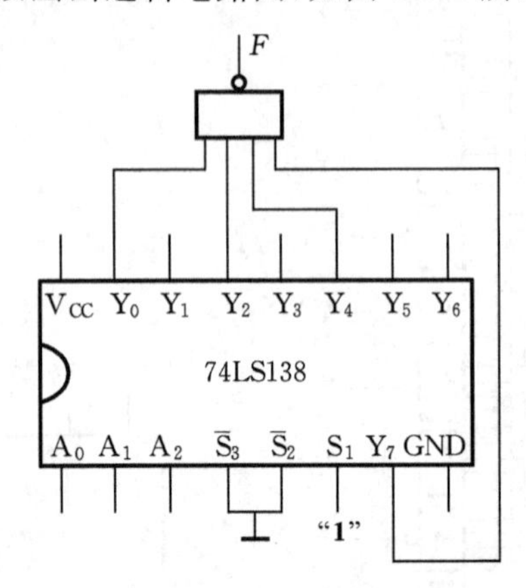

图 3-3-3　实现 F 逻辑函数

2. 显示译码器

显示器件的种类很多，而显示驱动译码器有各种不同的规格。7448 七段译码器是一种功能较全的七段字形显示译码器，它的逻辑电路图和管脚图如图 3-3-4 所示，功能表如表 3-3-3 所列。

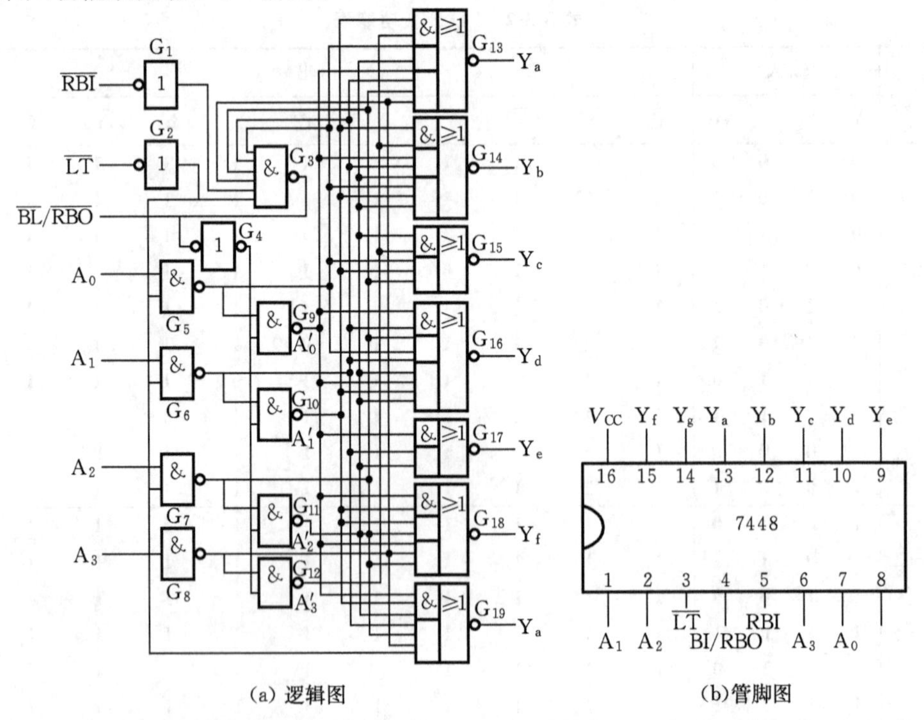

(a) 逻辑图　　(b)管脚图

图 3-3-4　7448 七段译码器的逻辑电路图及管脚图

表 3-3-3　7448 功能表

功能数字	输　　入						输　　出		显示
	$\overline{LT}$	$\overline{RBI}$	A_3	A_2	A_1	A_0	BI/RBO	abcdefg	字形
灭灯	×	×	×	×	×	×	0(输入)	0000000	
试灯	0	×	×	×	×	×	1	1111111	
动态灭零	1	0	0	0	0	0	0	0000000	
0	1	1	0	0	0	0	1	1111110	
1	1	×	0	0	0	1	1	0110000	
2	1	×	0	0	1	0	1	1101101	
3	1	×	0	0	1	1	1	1111001	
4	1	×	0	1	0	0	1	0110011	
5	1	×	0	1	0	1	1	0011111	
6	1	×	0	1	1	0	1	0011111	
7	1	×	0	1	1	1	1	1110000	
8	1	×	1	0	0	0	1	1111111	
9	1	×	1	0	0	1	1	1110011	
10	1	×	1	0	1	0	1	0001101	
11	1	×	1	0	1	1	1	0011001	
12	1	×	1	1	0	0	1	0100011	
13	1	×	1	1	0	1	1	1001011	
14	1	×	1	1	1	0	1	0001111	
15	1	×	1	1	1	1	1	0000000	

由 7448 的逻辑电路图及功能表可以看出，为了增强器件的功能，它设置了一些辅助控制端。下面对这些控制端的功能做简单介绍。

① 试灯输入端 LT：它是低电平有效，当 LT=0，数码管的七段全亮，与输入的译码信号无关。

② 灭灯输入端 BI：当 BI/RBO 作为输入使用，且 BI=0 时，数码管七段全灭，与译码器信号输入无关。

③ 动态灭零输入端的 RBI：当 LT=1，RBI=0，且译码输入全为“0”时，该位输出不显示，即“0”字被熄灭；当译码输入为非“0”时，则正常显示。本输入端用于消隐无效的“0”，如数据为“02”时，消隐状态时则单独显示一个数字“2”。

④ 动态灭零输出端 RBO：BI/RBO 作为输出使用时，受控于 LT 和 RBI。当

LT＝1，且 RBI＝0；其他情况则 RBO＝1，该端主要用于显示多位数字时，多个译码器之间的连接。

注：BI/RBO 是一个特殊的端钮，有时用作输入，有时用作输出。

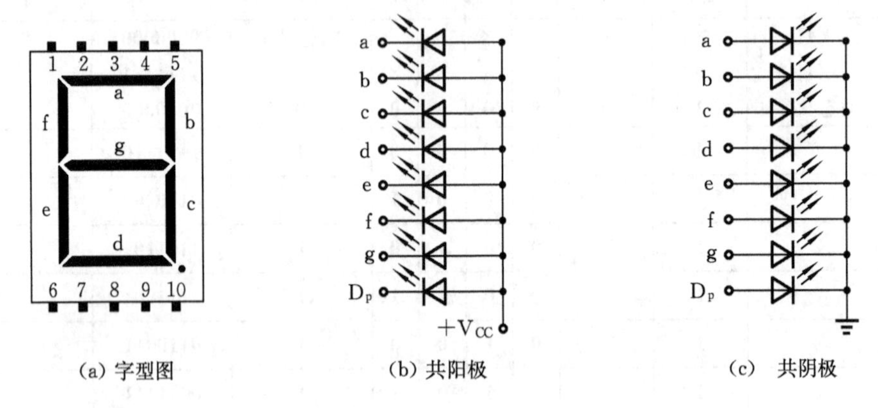

(a) 字型图　(b) 共阳极　(c) 共阴极

图 3-3-5　LED 数码管

3. 显示十进制数字

LED 字形以七端显示器为多见，它由条形发光二极管组成，如图 3-3-5 所示。LED 七段数码管分为共阴极和共阳极两种。使用共阴极数码管时，公共阴极需接地，a-g 由相应的输出为"1"的七段译码器输出驱动；使用共阳极数码管时，公共阳极接电源，a-g 由相应的输出为"0"的七段译码器输出驱动。

三、实验内容

① 验证 74LS138、74LS42、74LS48 逻辑功能。

② 用 74LS138 译码器及集成门电路实现一位全加器。

四、实验设备

逻辑实验箱，器件包括 74LS138、74LS42、74LS48，集成门电路（任选）。

五、复习要求

① 熟悉 74LS138、74LS42、74LS48 的功能特点及管脚排列。

② 画出实验电路图，并用电脑仿真。

六、实验报告

① 画出实验电路逻辑图。

② 总结观察到的电路工作情况及其特点。

③ 对在实验中存在的问题进行分析，并写出解决问题的方法。

实验四 数据选择器及应用

一、实验目的

① 掌握数据选择器的功能特点及使用方法；

② 熟悉该器件的使用技巧。

二、实验原理

数据选择器又叫多路选择器或多路开关，它是多输入、单输出的组合逻辑电路。在选择器的控制端加上地址码，就能从多个数据中选择一个数据，传送到一个单独的信息通道上，这种功能类似一个单刀多掷转换开关。它除了进行数据选择外，还可以用来产生复杂的函数，实现数据传输与并—串转换等多种功能。

数据选择器具有多种形式，有传送一组一位数码的一位数据选择器，也有传送一组多位数码的多位数据选择器。它基本上由数据选择控制(或称地址输入)、数据输入电路和数据输出电路这三部分组成。数据选择器根据不同的需要以多种形式输出，有的以原码形式输出(如 74LS153)，有的以反码形式输出(如 74LS151)；目前，数据选择器规格有十六选一、八选一、双四选一和四二选一等。数据选择器尽管逻辑功能不同，但是组成原理大同小异。下面简介 TTL 中规模数据选择器 74LS153 和 74LS151 的使用特点。

图 3-4-1 为 74LS153 的逻辑电路图及管脚图，表 3-4-1 为其功能表。从图 3-4-1可以看出，74LS153 包含两个完全相同的四选一电路，只是地址选择是共用一组信号。这种一片组件就可以实现四路二位二进制信息传送。

图中 $D_0 \sim D_3$为四路数据输入，Y 为数据输出端，A_1、A_0为地址选择控制端，$\overline{S}$为输出选通控制端，其作用是控制选择器处于“工作”或“禁止”状态。利用它还可以进一步扩大电路的功能。当选通端 $\overline{S}=0$，选择器处于工作状态，其输出的内容就取决于地址码选择下的那一路数据输入状态。当 $\overline{S}=1$，选择器处于禁止状态，无论地址码怎么变换，Y 总是等于 0。

表 3-4-1 74LS153 功能表

A_1	A_0	$\overline{S}$	Y
×	×	1	0
0	0	0	D_0
0	1	0	D_1
1	0	0	D_2
1	1	0	D_3

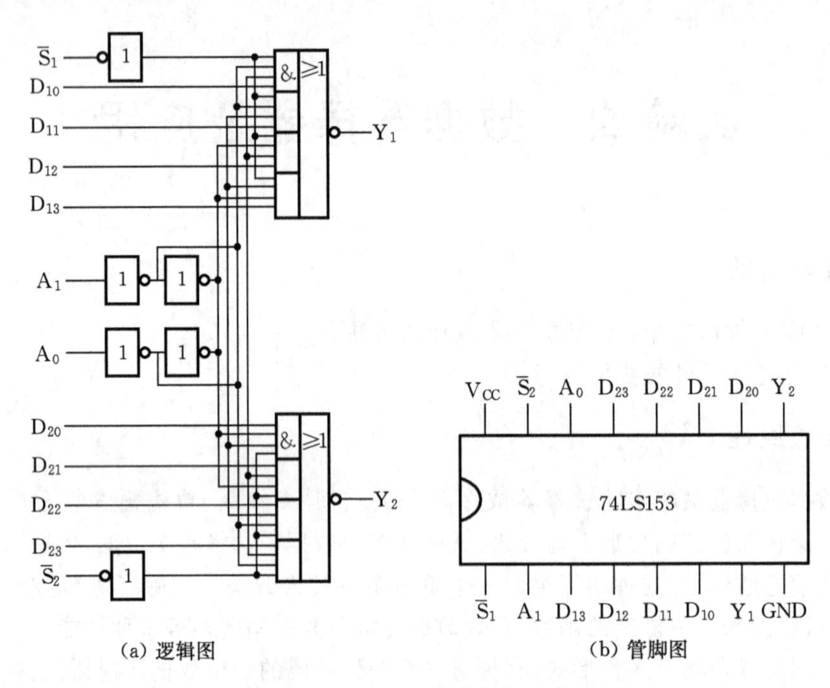

图 3-4-1 74LS153 逻辑电路图及管脚图

图 3-4-2 为 74LS151 的逻辑功能图及管脚图，表 3-4-2 为其功能表。

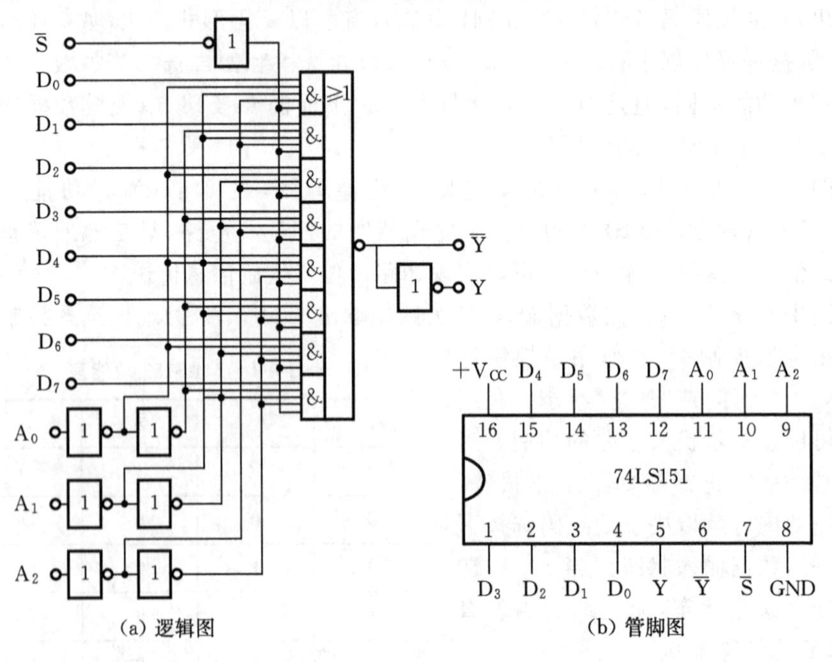

图 3-4-2 74LS151 逻辑功能图及管脚图

表 3-4-2 74LS151 功能表

输入				输出	
A_2	A_1	A_0	S	Y	$\overline{Y}$
×	×	×	1	0	1
0	0	0	0	D_0	$\overline{D_0}$
0	0	1	0	D_1	$\overline{D_1}$
0	1	0	0	D_2	$\overline{D_2}$
0	1	1	0	D_3	$\overline{D_3}$
1	0	0	0	D_4	$\overline{D_4}$
1	0	1	0	D_5	$\overline{D_5}$
1	1	0	0	D_6	$\overline{D_6}$
1	1	1	0	D_7	$\overline{D_7}$

从图 3-4-2 可以看到，74LS151 是一个八选一数据选择器，它由三个地址输入端 A_2、A_1、A_0，一个输出选通控制端，八个数据输入端 D_0～D_7，具有相反的两路输出 Y 和 $\overline{Y}$。

数据选择器用途十分广泛，下面举例加以说明。

1. 数据选择器的扩展

当现有的数据选择器不能满足使用者的要求时，可以将数据选择器互相连接，利用其使能端扩大数据组数与位数，增加数据选择器的规模。如图 3-4-3 所示，用双四选一数据选择器 74LS153 扩展成八选一数据选择的电路连接。

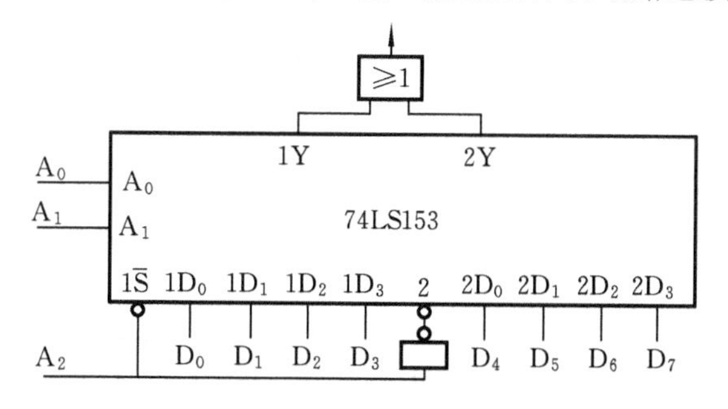

图 3-4-3 74LS153 扩展为八选一数据选择器

由图可知，八选一数据选择器输入地址变量的低位 A_0、A_1 分别接 74LS153 的地址 A_0、A_1。输入地址变量的高位 A_2 接 74LS153 的 $1\overline{S}$，$\overline{A_2}$ 接 74LS153 的 $2\overline{S}$。八选一数据选择器的输出 Y 为 74LS153 两组输出 1Y 与 2Y 之和。当 $A_2=0$ 时，第一组数据选择器工作，输出端选择 D_0～D_3 路的信息，第二组数据选择被封锁；

当 $A_2=1$ 时，第一组数据选择器被封锁，第二组数据选择器工作，输出端选择D_4～D_7路的信息。

2. 函数发生器

由前面数据选择器的逻辑图可以看出，数据选择器实质就是一个与或逻辑电路，其逻辑表达式为

$$Y = \sum_{i=0}^{2^n-1} m_i D_i$$

式中的 m_i是 n 个输入端构成的最小项，显然当 $D_i=1$ 时，其对应的最小项m_i在与或表达式中出现；当 $D_i=0$ 时，对应的最小项就不出现，因此电路的输出就可以看成是输入变量的最小项之和的形式，而任一逻辑电路都可以写成最小项之和的形式。所以可以得出这样一个结论：数据选择器可以用来实现某些逻辑函数，即可以方便地实现 $n+1$ 个输入变量的任何一种逻辑函数。

(1) 用八选一数据选择器实现逻辑函数

$$F = \overline{A}\,\overline{B}\,C + \overline{A}BC + A\,\overline{B}C + ABC$$

分析：函数 F 的输入变量有 3 个，即 A、B、C。八选一数据选择器地址变量有 3 个，即 A_2、A_1、A_0。令 A_2、A_1、A_0分别表示 A、B、C 三个变量，数据输入 D_0～D_7作为控制信号，控制各最小项在输出函数中是否出现，由此得出 F 的最小项之和表达式为

$$F = \overline{A}\,\overline{B}C + \overline{A}BC + A\,\overline{B}C + ABC = \sum m(1,3,5,7)$$

即

$$F=m_1D_1+m_3D_3+m_5D_5+m_7D_7$$

与数据选择器的逻辑表达式比较，便知 D_1、D_3、D_5、D_7应该等于 1，D_0、D_2、D_4、D_6应该等于 0。由此可画出用 74LS151 实现该逻辑函数的电路图如图 3-4-4 所示，其真值表如表 3-4-3 所列。

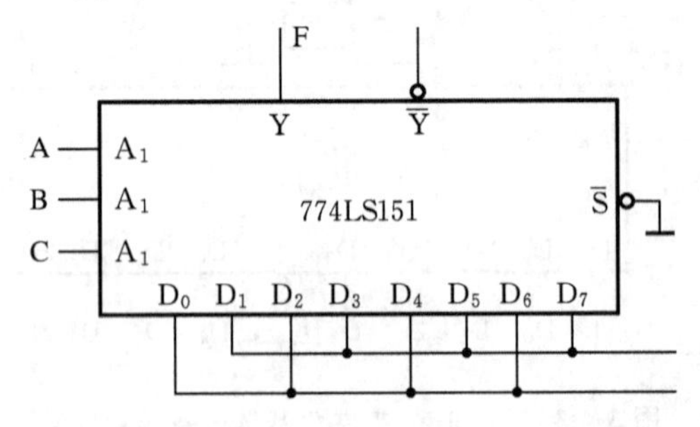

图 3-4-4 74LS151 的逻辑电路图

(2) 用四选一数据选择器实现逻辑函数

$$F = \overline{A}\,\overline{B}C + \overline{A}BC + A\,\overline{B}C + ABC$$

(a) 用数据选择器的地址码 A_1、A_0分别表示函数式 F 中的 A、B。

(b) 写出 F 的最小项之和的表达式。

$$F = \overline{A}\,\overline{B}C + \overline{A}BC + A\overline{B}C + ABC = m_0\overline{C} + m_1 C + m_2 C + m_3 C$$

(c) 写出数据选择器表达式。

$$Y = \sum_{i=0}^{3} m_i D_i$$

(d) 令 Y＝F,对两式进行比较可得。

$D_0=\overline{C}, D_1=C, D_2=C,\ D_3=C$

(e) 画出逻辑图,见图 3-4-5 所示。

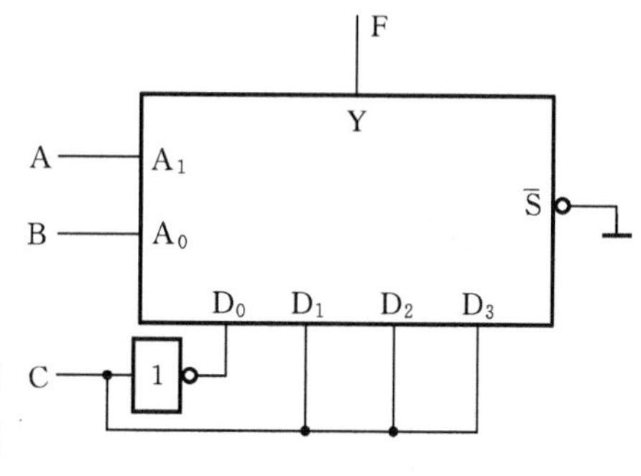

图 3-4-5　函数 F 的逻辑图

除上面提到的数据选择器应用以外,它还可以用于多通道的数据传送,进行数据比较,实现并行—串行数据的转换以及扩展其他电路的功能,等等。

三、实验内容

① 验证 74LS151、74LS153 的逻辑功能。

② 用 74LS153 及与非门实现一位全加器。

③ 用 74LS153 双四选一数据选择器实现十六选一电路。

④ 用两片 74LS153 和一只数码管显示四组 8421BCD 码测试系统,即用一只数码管分别显示四位十进制数的个位、十位、百位、千位。

四、实验设备

实验箱,器件包括 74LS151、74LS153、74LS00、74LS48,集成门电路(任选),电脑。

五、复习要求

① 掌握 74LS151 和 74LS153 的工作原理及管脚排列。

② 根据实验内容要求设计出实验电路并用电脑仿真。

③ 自拟实验方案及具体步骤。

六、实验报告要求

① 画出完整实验电路图,并叙述设计过程。

② 对在实验过程中出现的异常现象进行分析和讨论。

实验五　加法器及应用

一、实验目的

① 掌握异或门的广泛应用；

② 掌握加法器的工作原理及其应用。

二、实验原理

1. 74LS86

74LS86是一个二输入四异或门集成组件，如图3-5-1所示。它由四个独立异或门组成，共用一个电源、一个地，在数字电路中应用十分广泛。

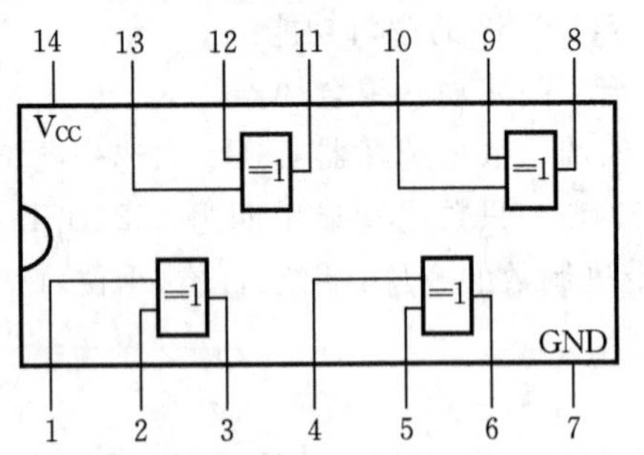

图3-5-1　74LS86管脚图

异或门可用作原码、反码选择，如图3-5-2所示。（图中，当S=0，B的输出是A的原码；当S=1，B的输出是A的反码。）

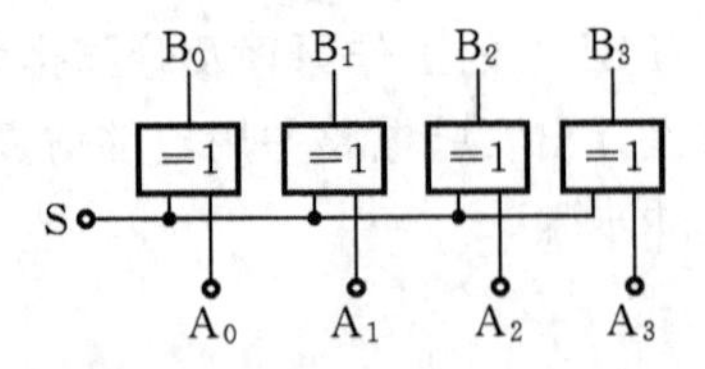

图3-5-2　原码、反码选择电路图

2. 全加器

两个多位二进制数相加时，除了最低位以外，每一位都应该考虑来自低位的进位。将两个对应位的加数和来自低位的进位3个数相加，这种运算称为全加，所用的电路称为全加器。即每个全加器有3个输入端——A_i（被加数）、B_i（加数）、C_{i-1}

（低位向本位的进位），2 个输出端——S_i（和）和 C_i（向高位的进位）。

根据二进制加法规则就可以列出全加器真值表，如表 3-5-1 所示。

表 3-5-1　全加器真值表

输　入			输　出	
C_{i-1}	A_i	B_i	S_i	C_i
0	0	0	0	0
0	0	1	1	0
0	1	0	1	0
0	1	1	0	1
1	0	0	1	0
1	0	1	0	1
1	1	0	0	1
1	1	1	1	1

根据真值表就可以列出逻辑表达式：

$$\begin{cases} S_i = \overline{A}_i\overline{B}_iC_{i-1} + \overline{A}_iB_i\overline{C}_{i-1} + A_i\overline{B}_i\overline{C}_{i-1} + A_iB_iC_{i-1} \\ C_i = A_iB_i + B_iC_{i-1} + A_iC_{i-1} \end{cases}$$

实现全加器逻辑功能的方案多种多样的，其中一种可以采用所谓并行相加逐位进位串行方式，如图 3-5-3 所示。这种串行进位方式的逻辑电路，其优点是结构简单，缺点是运算速度低，因为最高位的加法运算，一定要等到所有低位的加法运算完成之后才能进行。

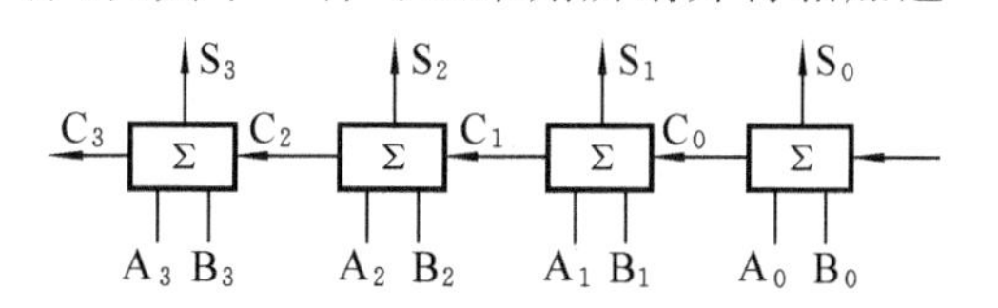

图 3-5-3　串行进位四位全加器

为了提高运算速度，可以在并行相加的同时实现进位，这称为“超前进位”，如 74LS283 集成电路就具有这种功能，如图 3-5-4 所示。利用这种四位加法器数字模块可以实现更多位的加法运算，也可以实现减法运算及十进制运算。

用全加器可以组成多位加法器。

① 实现八位二进制数的加法，可以用两块 74LS283 串联方式来实现，如图 3-5-5所示。其中低四位全加的一片进位端接地，而其进位输出则接到高四位全加器的进位输入端。这样就可以得到八位和的输出及一个进位输出。为了进一步扩大相加数字的范围，只要增加四位全加器的片数，按上述的方法连接即可。

② 用四位全加器电路来完成减法运算，只需要加一块原码/反码转换电路即可。为了进行两个数的相减，可以用被减数和减数的补码相加来获得。例如：12－9＝3这一算式，可以按下列方法进行。在补码系统中＋12 应表示为 1100，－9

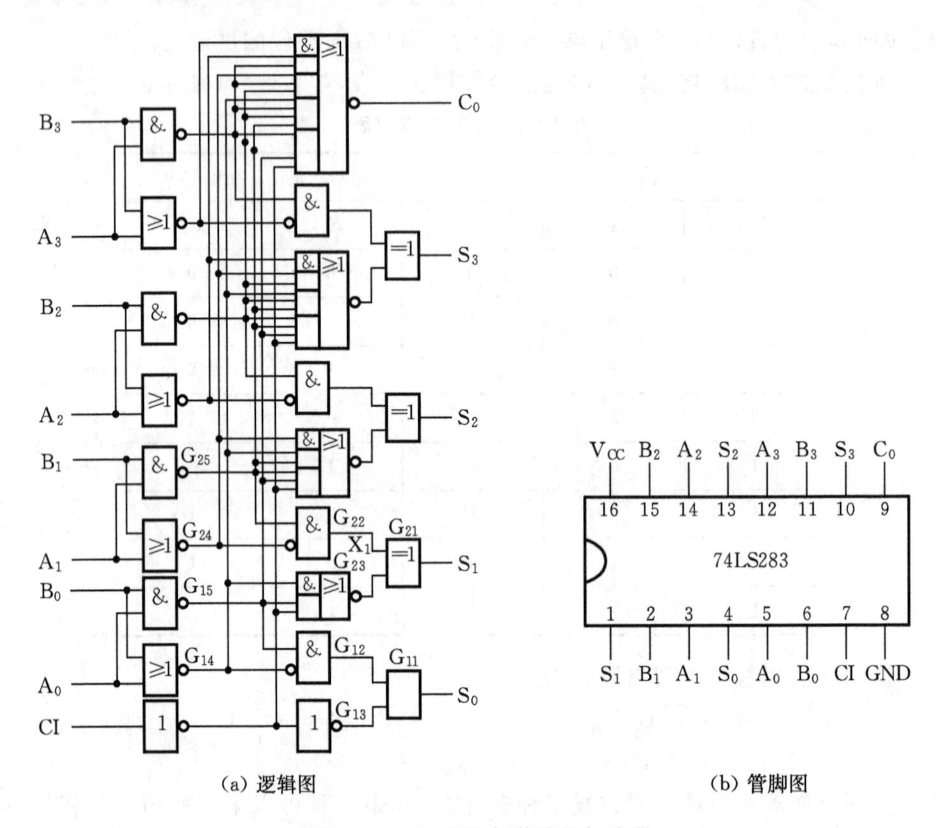

(a) 逻辑图　　　　(b) 管脚图

图 3-5-4　74LS283 超前进位加法器

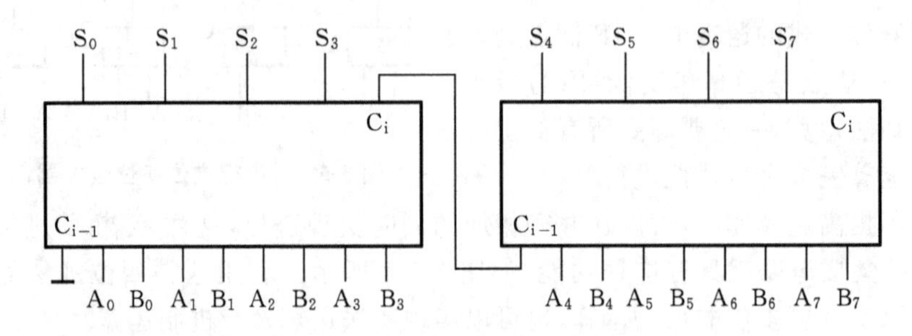

图 3-5-5　两片串联方式

应表示为反码加一，即将 1001 求反后加 1，得到 0111，于是 12－9＝3 的算式应写为

$$\begin{array}{r} 1100 \\ +\ 0111 \\ \hline \boxed{1}\ 0011 \end{array} \longrightarrow 3$$

进位不考虑

为了实现这一算式，将加数或减数加到原码/反原码转换电路中，当其控制端 M=0 时，输出为原码；M=1 时，输出为反码。

③ 利用全加器模块，还可以实现十进制的加法，所不同的仅表现在组间的进位上。故在组间进位方式上加上一个校正网络，使原来的四位二进制数逢十六进一，自动校正为逢十进一，这样问题就进一步简化为校正网络的设计问题。解决方法是：只要在两个四位二进制数进行加法运算的结果（和数）大于 9(0110)就使其组间进位输出一个进位数。

三、实验内容

① 用 74LS86 及与非门构成 1 位全加器。

② 用 74LS283 及门电路设计四位加减可控运算电路。

③ 应用 74LS283 作四位二进制数加法运算。

a. 对下列算式进行加法运算，记录实验结果，把计算的结果用十进制数来表示。

0010＋1001＝？　　　　0001＋0011＝？

0110＋1000＝？　　　　0101＋0010＝？

b. 用 74LS283 和逻辑门设计一个一位十进制数的加法运算，把运算的结果用数码管显示出来。

四、实验设备

实验箱，器件包括 74LS283、74LS86，集成门电路（任选），电脑。

五、复习要求

① 掌握 74LS86、74LS283 的工作原理及管脚排列。

② 根据实验内容的要求设计出逻辑电路，并用电脑仿真，保证此逻辑电路一定是最佳而且可行。

六、实验报告

① 写出每个逻辑电路的设计过程，画出其逻辑电路图。

② 附有实验记录，并对实验结果进行分析和讨论。

实验六　触发器及应用

一、实验目的

① 熟悉并掌握 R-S、J-K 触发器的构成、工作原理及功能测试方法；
② 学会正确使用触发器集成芯片；
③ 了解不同逻辑功能触发器相互转换的方法。

二、实验内容

1. 基本 R-S 触发器功能测试

两个 TTL 与非门首尾相接构成的基本 R-S 触发器的电路如图 3-6-1 所示。

① 试按下面的顺序在$\overline{S_d}$、$\overline{R_d}$端加信号：

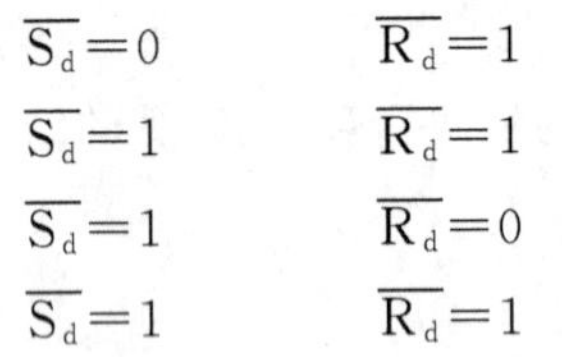

$\overline{S_d}=0$　　$\overline{R_d}=1$

$\overline{S_d}=1$　　$\overline{R_d}=1$

$\overline{S_d}=1$　　$\overline{R_d}=0$

$\overline{S_d}=1$　　$\overline{R_d}=1$

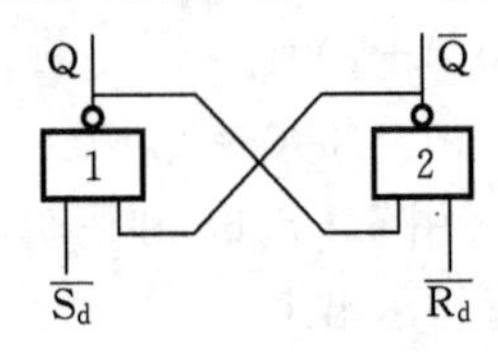

图 3-6-1　基本 R-S 触发器电路

观察并记录触发器的 Q、$\overline{Q}$ 端的状态，将结果填入表 3-6-1 中，并说明在上述各种输入状态下，触发器执行的功能。

表 3-6-1　不同输入状态下触发器的功能

$\overline{S_d}$	$\overline{R_d}$	Q	$\overline{Q}$	逻辑功能
0	1			
1	1			
1	0			
1	1			

② $\overline{S_d}$接低电平，$\overline{R_d}$端加脉冲。

③ $\overline{S_d}$接高电平，$\overline{R_d}$端加脉冲。

④ 令$\overline{R_d}=\overline{S_d}$，$\overline{S_d}$端加脉冲。

记录并观察②、③、④三种情况下，Q、$\overline{Q}$ 端的状态。从中你能否总结出基本 R-S触发器的 Q、$\overline{Q}$ 端的状态改变和输入端$\overline{S_d}$、$\overline{R_d}$的关系？

⑤ 当$\overline{S_d}$、$\overline{R_d}$端都接低电平时，观察 Q、$\overline{Q}$ 端的状态。当$\overline{S_d}$、$\overline{R_d}$端同时由低电平跳为高电平时，注意观察 Q、$\overline{Q}$ 端的状态，重复③～⑤，看 Q、$\overline{Q}$ 端的状态是否相同，以正确理解“不定”状态的含义。

2. 维持—阻塞型 D 触发器功能测试

双 D 型正沿边维持—阻塞型触发器 74LS74 的逻辑符号如图 3-6-2 所示。

图中$\overline{S_d}$、$\overline{R_d}$为异步置 1 端，置 0 端(或称异步置位，复位端)。CP 为时钟脉冲端。

试按下面步骤做实验：

① 分别在$\overline{S_d}$、$\overline{R_d}$端加低电平，观察并记录 Q、$\overline{Q}$ 端的状态；

图 3-6-2　D 触发器逻辑符号

② 令$\overline{S_d}$、$\overline{R_d}$端为高电平，D 端分别接高、低电平，用手动脉冲作为 CP，观察并记录当 CP 为 0、↑、1、↓时 Q 端状态的变化；

③ 当$\overline{S_d}=\overline{R_d}=1$、CP＝0(或 CP＝1)时，改变 D 端信号，观察 Q 端的状态是否变化。

整理上述实验数据，将结果填入表 3-6-2 中。

表 3-6-2　不同状态下 Q 端及 $\overline{Q}$ 端的功能

$\overline{S_d^1}$	$\overline{R_d^1}$	CP	D	Q^n	Q^{n+1}	$\overline{Q^{n+1}}$
0	0	×	×	0		
				1		
1	0	×	×	0		
				1		
1	1	↑	0	0		
				1		
1	1	↑	1	0		
				1		

④ $\overline{S_d}=\overline{R_d}=1$，将 D 端分别与 Q、$\overline{Q}$ 端相连，CP 加连续脉冲，用双踪示波器观察并记录 Q 相对于 CP 的波形。

3. 负边沿 J-K 触发器功能测试

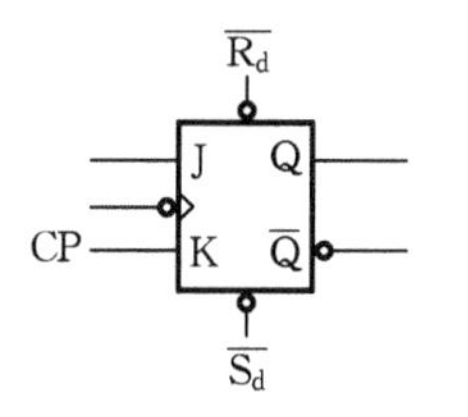

图 3-6-3　J-K 触发器逻辑符号

双 J-K 负边沿触发器 74LS112 芯片的逻辑符号如图 3-6-3 所示。

自拟实验步骤，测试其功能，并将结果填入表 3-6-3 中。若令 J＝K＝1 时，CP 端加连续脉冲，用双踪示波器观察 Q～CP 波形，和 D 触发器的 D 和 Q 、$\overline{Q}$ 端相连时观察到的 Q 端的波形相比较，有何异同点？

表 3-6-3 不同状态下 Q 端的功能

$\overline{S_d}$	$\overline{R_d}$	CP	J	K	Q^n	Q^{n+1}
0	1	×	×	×	×	
1	0	×	×	×	×	
1	1	↓	0	×	0	
1	1	↓	1	×	0	
1	1	↓	×	0	1	
1	1	↓	×	1	1	

4. 触发器功能转换

① 将 D 触发器和 J-K 触发器转换成 T 触发器，列出表达式，画出实验电路图。

② 接入连续脉冲，观察各触发器 CP 及 Q 端波形。比较两者关系。

③ 自拟实验数据表并填写。

三、实验设备

实验箱，双踪示波器，器件包括 74LS00、74LS74、74LS73。

四、复习要求

① 画出实验电路图。

② 自拟实验数据表。

五、实验报告

① 整理实验数据、图表并对实验结果进行分析讨论。

② 写出实验内容 3、4 的步骤及表达式。

③ 画出实验内容 4 的电路图及相应表格。

④ 总结各类触发器的特点。

实验七　时序电路

一、实验目的

① 掌握常用时序电路分析、设计及测试方法；

② 训练独立进行实验的技能。

二、实验内容

1. 异步二进制计数器

① 按图 3-7-1 接线。

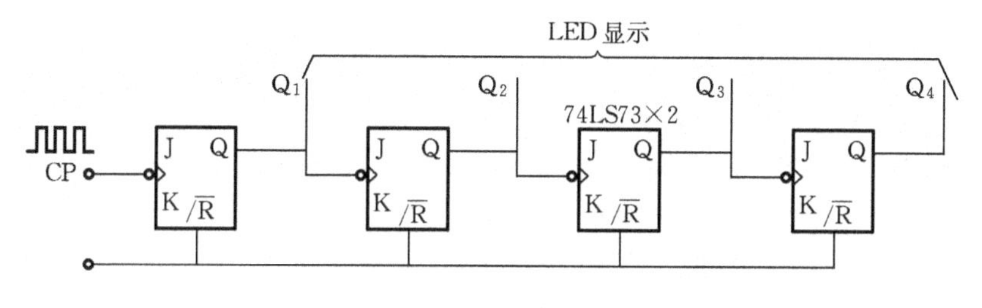

图 3-7-1

② 由 CP 端输入单脉冲，测试并记录 $Q_1 \sim Q_4$ 端状态及波形。

③ 试将异步二进制加法计数改为减法计数，参考加法计数器，要求实验并记录。

2. 异步二-十进制加法计数器

① 按图 3-7-2 接线。Q_A、Q_B、Q_C、Q_D 四个输出端分别接发光二极管显示，复位端 R 接入单脉冲，CP 接连续脉冲。

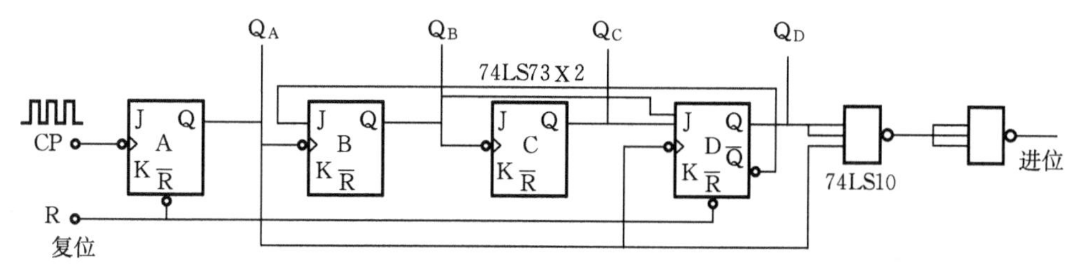

图 3-7-2

② 在 CP 端接连续脉冲，观察 CP、Q_A、Q_B、Q_C 及 Q_D 的波形，并画出它们的波

形。

③ 将图 3-7-2 改为一个异步二-十进制减法计数器，并画出 CP、Q_A、Q_B、Q_C及Q_D的波形。

3. 自循环移位寄存器-环形计数器

① 按图 3-7-3 接线，将 A、B、C、D 置为 1000，用单脉冲计数，记录各触发器状态。

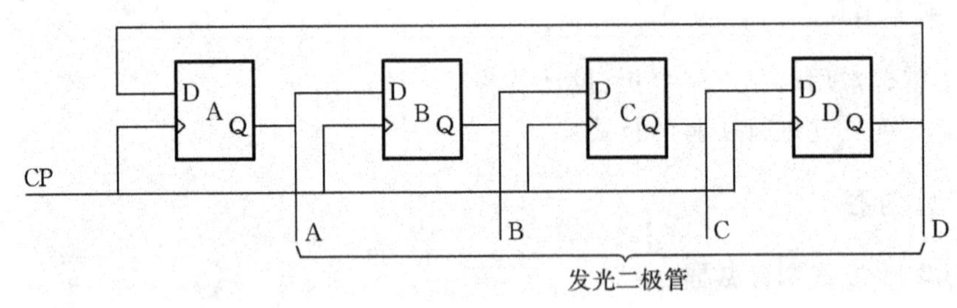

图 3-7-3

改为连续脉冲计数，并将其中一个状态为“0”的触发器置为“1”(模拟干扰信号作用的结果)，观察记数器能否正常工作。分析原因。

② 按图 3-7-4 接线，与非门用 74LS10 三输入端三与非门重复上述实验，对比实验结果，总结关于自启动的体会。

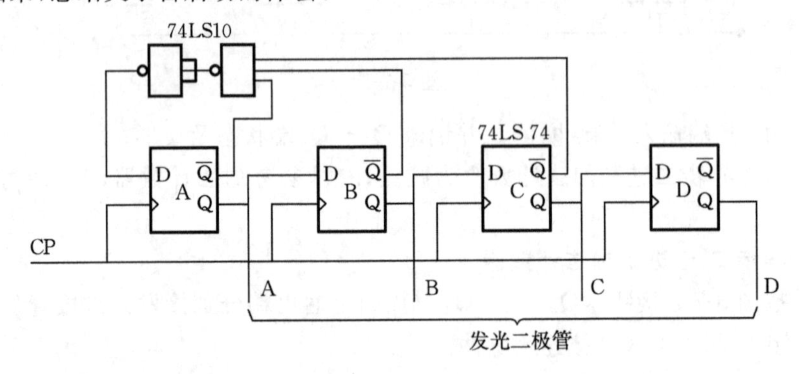

图 3-7-4

三、实验设备

实验箱，双踪示波器，器件包括 74LS73、74LS174、74LS10。

四、复习要求

① 复习时序逻辑电路的分析和设计方法。

② 根据实验内容的要求设计出逻辑电路，设计实验表格，并用电脑仿真。

五、实验报告

① 画出实验内容要求的波形及记录表格。

② 总结时序电路的特点。

实验八 计数器 MSI 芯片的应用

一、实验目的

学会正确使用计数器芯片，熟悉其应用电路。

二、实验原理

74LS160 为同步十进制计数器，74LS161 为同步十六进制计数器。

带直接清除端的同步可预置数的计数器 74LS160/161 的逻辑符号如图 3-8-1 所示。

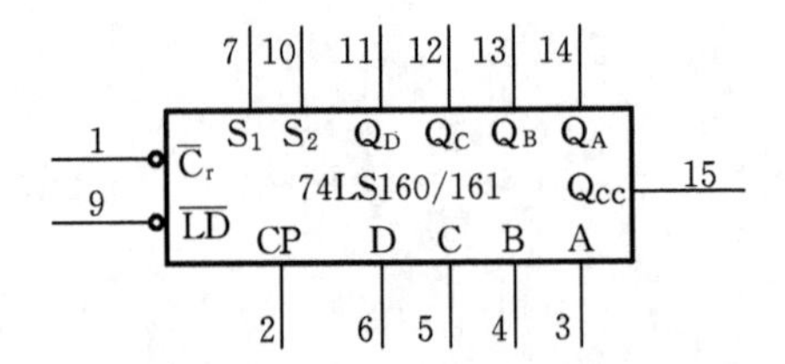

图 3-8-1 74LS160/161 **逻辑符号**

$\overline{LD}$—置数端；$\overline{C_r}$—清零端；S_1、S_2—工作方式端；Q_{CC}—进位信号；

D、C、B、A—数据输入端；Q_D、Q_C、Q_B、Q_A—输出端

三、实验内容

① 计数器芯片 74LS160/161 功能测试。

完成芯片的接线，测试 74LS160 或 74LS161 芯片的功能，将结果填入表 3-8-1 中。

表 3-8-1

$\overline{C_r}$	S_1	S_2	$\overline{LD}$	CP	芯片功能
0	**1**	×	×	×	
1	**0**	×	×	×	
1	**1**	↓	**0**	×	
1	**1**	↓	**1**	×	
1	**1**	↓	×	**0**	
1	**1**	↓	×	**1**	

② 74LS161 接成图 3-8-2 所示电路。

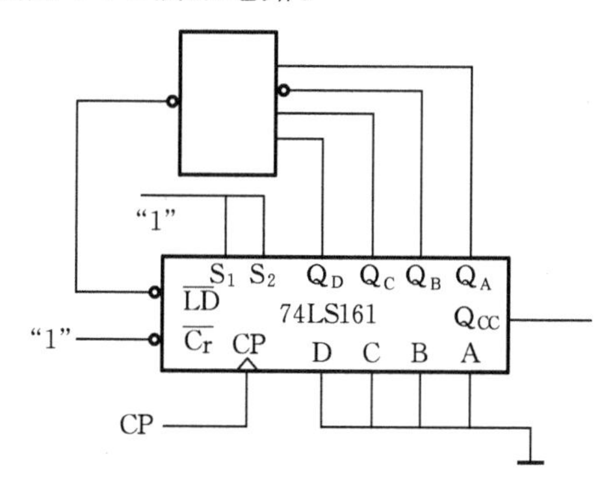

图 3-8-2

按图接线，CP 用手动脉冲输入，Q_D、D_C、Q_B、Q_A接发光二极管显示。测出芯片的长度，并画出其状态转换图。

③ 两片 74LS160 芯片构成的同步六十进制计数电路如图 3-8-3 所示。

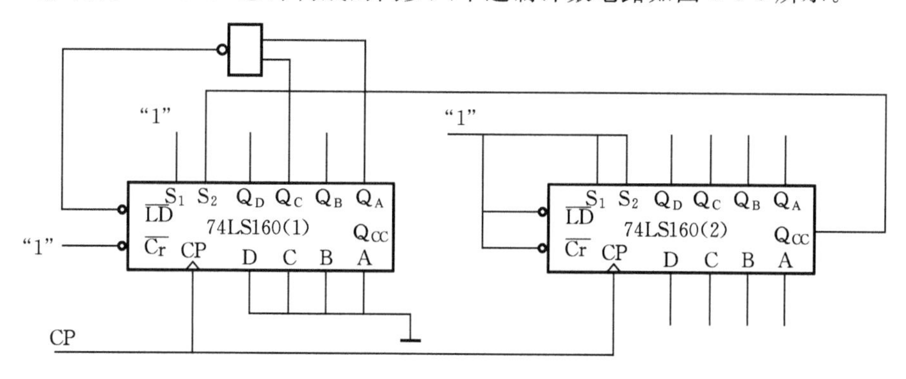

图 3-8-3　六十进制计数器电路

按图接线。用手动脉冲作为 CP 的输入，74LS160(1)、(2)的输出端 Q_D、D_C、Q_B、Q_A分别接七段 LED 数码管输入端。观察手动脉冲作用下，数码管显示的数字变化。

四、实验设备

实验箱，电脑，器件包括 74LS160/161、74LS00、74LS20。

五、实验报告

① 写出你对该计数器电路设计的构思过程及采取的措施。

② 绘图时一定要把器件的管脚功能写上。

③ 对于实验中出现的问题进行讨论。

六、思考题

① 除图 3-8-3 所示的六十进制计数电路外，请用两个 74LS160 自行设计一个六十进制的计数电路，并用实验证明。

② 若改用 74LS161 芯片实现六十进制计数电路，则芯片又怎样连接？画出电路图，并用实验验证其功能。

实验九　MSI 移位寄存器及应用

一、实验目的

① 掌握 MSI 移位寄存器的功能特性；

② 能熟练阅读该器件的功能表；

③ 会用该器件去实现各种逻辑电路。

二、实验原理

具有移位功能的寄存器称为移位寄存器。

移位寄存器按移位功能来分，可分为单向移位寄存器和双向移位寄存器两种；按输入与输出信息的方式来分，有并行输入并行输出、并行输入串行输出、串行输入并行输出、串行输入串行输出及多功能方式 5 种。

在使用 MSI 移位寄存器时，可根据任务要求，从器件手册或相关资料中，选出合适器件，查出该器件功能表，掌握其器件功能特点，以便正确地使用。下面以四位双向移位寄存器 74194 为例介绍移位寄存器的功能及应用。

1. 74194 功能介绍

74194 的逻辑图和管脚图如图 3-9-1 所示，功能表如表 3-9-1 所列。

由逻辑图可以看出，该移位寄存器四个触发器和与或非门及反相器组成。与或非门构成 3 选 1 的数据选择器，对左位串入数据、右位串入数据以及并入数据进行选择。状态控制端 S_0、S_1 分别通过两个反相门，在通过或非门对数据选择器进行通道选择。

由功能表可知，该移位器具有左移、右移、并行输入数据、保持及清零等 5 种功能。

当 $R_D=0$ 时，无论其他输入信号为何状态，$Q_0\sim Q_3$ 均为“0”，即在清零端加上有效“0”电平时，寄存器完成清零功能。

当 $R_D=1$，$CP=1$(无时钟脉冲输入)时，寄存器保持原状态不变。

当 $R_D=1$，$S_0=S_1=1$ 时，在时钟脉冲上升沿作用下，寄存器完成并行存入数据功能。

当 $R_D=1$，$S_0=0$，$S_1=1$ 时，在时钟脉冲上升沿作用下，寄存器完成由高位向低位移位(左移)的功能，同时，D_{SL} 的数据移送入 Q_3。

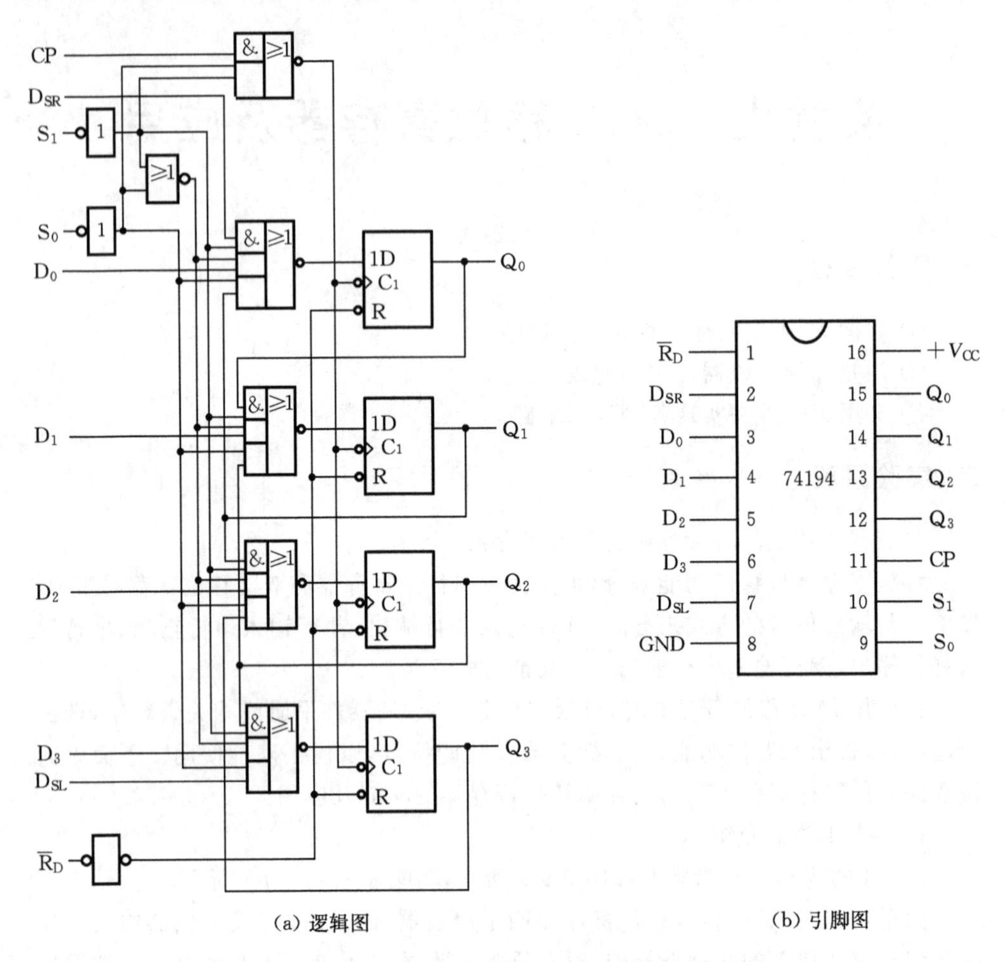

(a) 逻辑图　　　　　　(b) 引脚图

图 3-9-1　74194 四位双向移位寄存器逻辑图与管脚图

表 3-9-1　74194 功能表

清零	输入									输出				功能
	控制信号		串行输入		时钟	并行输入								
$\overline{R}_D$	S_1	S_0	D_{SR}	D_{SL}	CP	D_0	D_1	D_2	D_3	Q_0	Q_1	Q_2	Q_3	
0	×	×	×	×	×	×	×	×	×	**0**	**0**	**0**	**0**	清零
1	×	×	×	×	**1**	×	×	×	×	Q_0^n	Q_1^n	Q_2^n	Q_3^n	保持
1	**1**	**1**	**×**	**×**	↑	D_0	D_1	D_2	D_3	D_0	D_1	D_2	D_3	置数
1	**0**	**1**	**1**	×	↑	×	×	×	×	**1**	Q_1^n	Q_2^n	Q_3^n	右移
1	**0**	**1**	**0**	×	↑	×	×	×	×	**0**	Q_1^n	Q_2^n	Q_3^n	右移

续表

清零 $\overline{R}_D$	输入									输出				功能
	控制信号		串行输入		时钟	并行输入				Q_0	Q_1	Q_2	Q_3	
	S_1	S_0	D_{SR}	D_{SL}	CP	D_0	D_1	D_2	D_3					
1	**1**	**0**	×	**1**	↑	×	×	×	×	Q_1^n	Q_2^n	Q_3^n	**1**	左移
1	**1**	**0**	×	**0**	↑	×	×	×	×	Q_1^n	Q_2^n	Q_3^n	**0**	左移
1	**0**	**0**	×	×	×	×	×	×	×	Q_0^n	Q_1^n	Q_2^n	Q_3^n	保持

当 $R_D=1$，$S_0=1$，$S_1=0$ 时，在时钟脉冲上升沿作用下，寄存器完成由低位向高位移位（右移）的功能，同时，D_{SR}的数据送入 Q_0。

当 $R_D=1$，$S_0=S_1=0$ 时，由于时钟脉冲被封锁，CP 脉冲不能进入触发器，寄存器处于保持状态。

由此可见，74194 是一个功能很强的通用寄存器。灵活地使用它的功能端，不仅能完成左右移位和送数的功能，还可以完成上面所谈的功能。

2. 四位双向移位寄存器 74194 应用

(1) 移位寄存器的级联

为了增加移位寄存器的倍数，可在 CP 移位脉冲的驱动能力范围内，将多块移位寄存器级联扩展，以满足字长的要求。图 3-9-2 所示为四块移位寄存器 74194 的级联连接图。其功能与单个移位寄存器的功能类似。

当 $S_0S_1=11$ 时，在 CP 脉冲正沿作用下，$D_0 \sim D_{15}$的数据被送到 $Q_0 \sim Q_{15}$输出端，移位寄存器完成置数功能。

当 $S_0S_1=01$ 时，移位寄存器完成左移操作功能。当第 16 个 CP 脉冲到来时，$Q_{15} \sim Q_0$全部变为“0”。

当 $S_0S_1=10$ 时，移位寄存器完成右移操作功能。当第 16 个 CP 脉冲到来时，$Q_0 \sim Q_{15}$全部变为“1”。

当 $S_0S_1=00$ 时，移位寄存器处于保持状态。

(2) 构成环型计数器

环型计数器实际上就是一个自循环的移位寄存器。根据初态设置的不同，这种电路的有效循环常常是循环移位一个“1”或一个“0”。图 3-9-3 是由四位移位寄存器 74194 构成的能自启动的环型计数器的电路图。

当启动信号输入一级电平脉冲时，使 G_2输出为 1，从而 $S_1=S_0=1$，寄存器执行并行输出功能，$Q_0Q_1Q_2Q_3=Q_0D_1D_2D_3=1110$。启动信号撤除后，由于计数器输出端 $Q_3=0$，使 G_1的输出为 1，G_2输出为 0，$S_1S_0=01$，开始执行移位操作。在移位中，与非门 G_1的输入端总有一个为 0，因此总能保持 G_1的输出为 1，G_2的输出

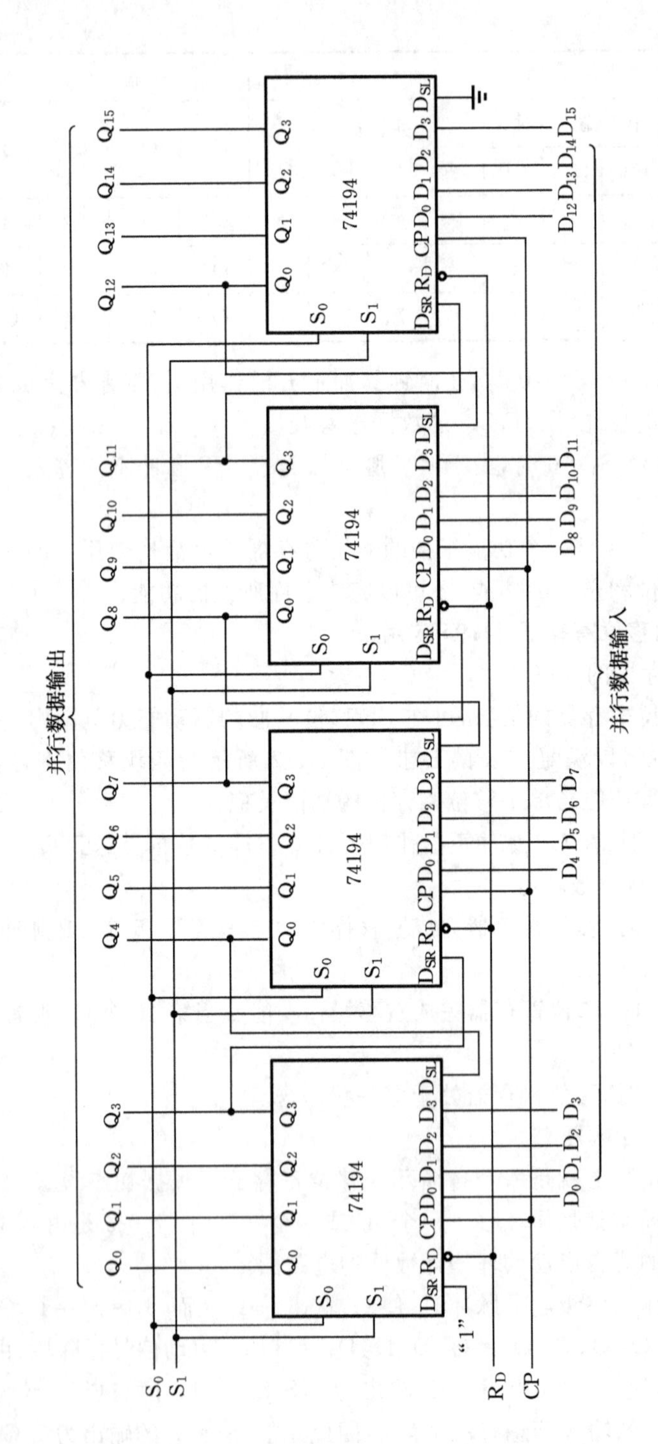

图 9-2 多位移位寄存器的级联

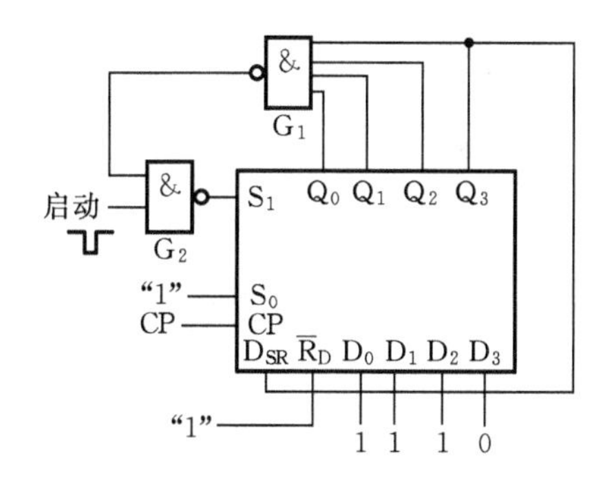

图 3-9-3 具有自启动功能的环型计数器

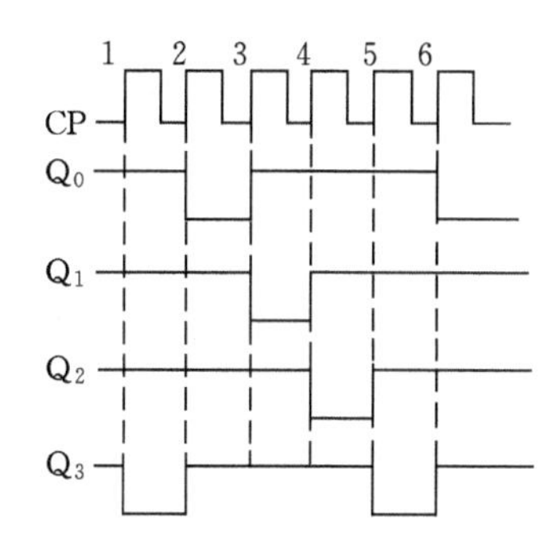

图 3-9-4 环型计数器的输出波形

为 0,维持 $S_1 S_0 = 01$,使移位不断进行下去,其移位情况如表 3-9-2 所示,环型计数器的输出波形图如图 3-9-4 所示。

表 3-9-2 环形计数器序列表

$D_{SR}(Q_3)$	Q_0	Q_1	Q_2	Q_3	移动脉冲序号
0	1	1	1	0	1
1	0	1	1	1	2
1	1	0	1	1	3
1	1	1	0	1	4
0	1	1	1	0	5
1	0	1	1	1	6

由表 3-9-2 可见,该环型计数器有效状态数为 4 个,因此触发器利用率低(即使用 n 个触发器仅有 n 个有效状态),但这种计数器中仅有 1 个"0"在其中循环,所以在使用时可省略译码器,而且输出无毛刺。由输出波形图可知,寄存器的输出按照固定的时序输出低电平脉冲,因此这种电路又称为环型脉冲分配器。

(3) 四位并行累加器

用 74194 和 74283 构成四位并行累加器,如图 3-9-5 所示。

当 $R_D = 0$ 时,移位寄存器 74194 被清零,即 $Q_A = Q_B = Q_C = Q_D = 0$。

当 $R_D = 1, C_0 = 0$,数据输入端 $A_1 = 1, A_2 = A_3 = A_4 = 0$ 时,来一个 CP 脉冲,数据输出即为 0001,那么 74283 的 B_1 端立即就为 1;如果数据输入端保持原状态,来第二个 CP 脉冲,数据输出为 0010;来 15 个 CP 脉冲,数据输出为 1111。由此可见,N 个数累加,就需要 N 个单次脉冲。

三、实验内容

① 验证 74194 逻辑功能。

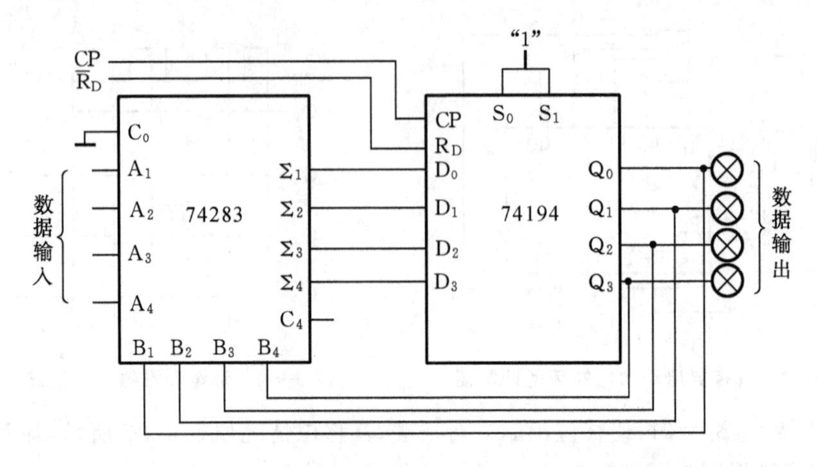

图 3-9-5　四位并行累加器

② 用 74194 构成 16 位双向移位寄存器。

③ 用 74194 及集成门构成扭环形计数器，其有效状态转换图如图 3-9-6 所示。

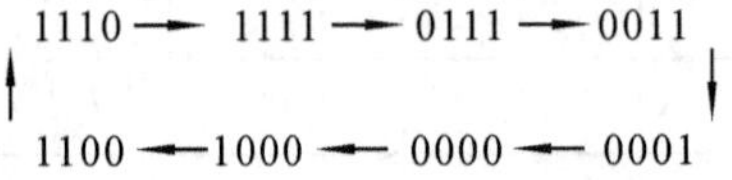

1110 → 1111 → 0111 → 0011
↑　　　　　　　　　　　↓
1100 ← 1000 ← 0000 ← 0001

图 3-9-6　扭环形计数器状态转换图

④ 实现一个可用两位数码管显示到 99 的四位并行累加器电路。

四、实验设备

实验箱，电脑，器件包括 74194、74283。

五、复习要求

① 掌握 74194 工作原理及管脚作用。

② 按照实验内容要求，设计出逻辑电路，画出逻辑电路图并仿真。

六、实验报告

① 用文字说明逻辑电路设计过程。

② 对在实验中遇到的问题要加以分析和研究。

实验十　555 定时器及应用

一、实验目的

① 熟悉 555 型集成时基电路结构、工作原理及其特点；

② 掌握 555 型集成时基电路的基本应用。

二、实验原理

1. 555 定时器原理介绍

集成时基电路又称为集成定时器或 555 电路，是一种数字、模拟混合型的中规模集成电路，应用十分广泛。由于内部电压标准使用了三个 5 kΩ 电阻，故取名 555 电路。它是供仪器、仪表、自动化装置、各种民用电器定时器、时间延迟器等电子控制电路用的时间功能电路，也可做自激多谐振荡器、脉冲调制电路、脉冲相位调谐电路、脉冲丢失指示器、报警器以及单稳态、双稳态等各种电路，应用范围十分广泛。

555 电路的内部电路方框图如图 3-10-1 所示，图 3-10-2 是它的管脚排列图。它含有两个电压比较器，一个基本 RS 触发器，一个放电开关管 T，比较器的参考电压由三只 5 kΩ 的电阻器构成的分压器提供。它们分别使高电平比较器 C_1 的同相输入端和低电平比较器 C_2 的反相输入端的参考电平为 $\frac{2}{3}V_{CC}$ 和 $\frac{1}{3}V_{CC}$。C_1 与 C_2 的输出端控制RS触发器状态和放电管开关状态。当输入信号自6脚输入，即高电

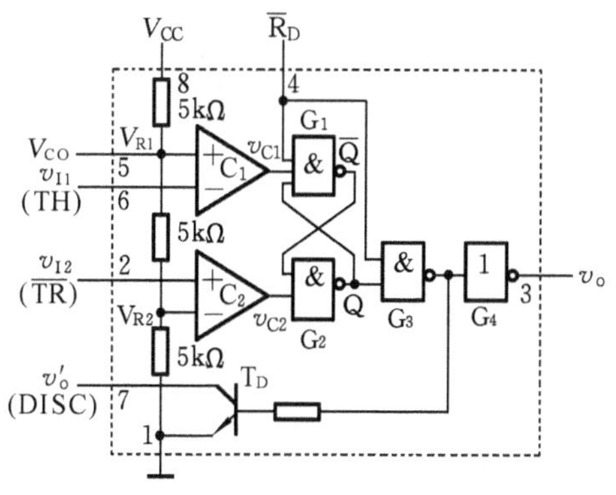

图 3-10-1　555 电路的结构

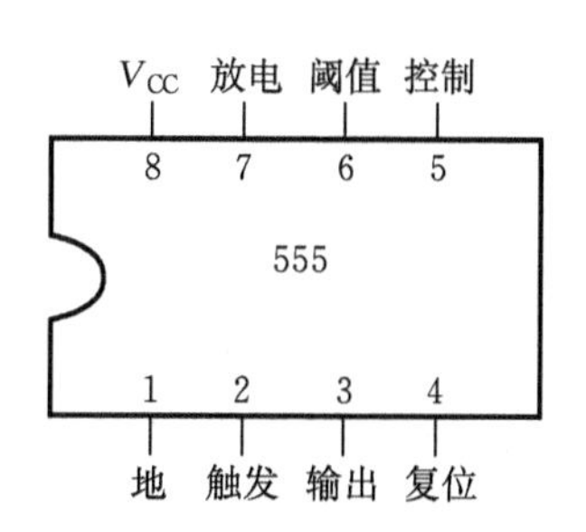

图 3-10-2　555 管脚排列图

平触发输入,并超过参考电平$\frac{2}{3}V_{CC}$时,触发器复位,555 的输出端 3 脚输出低电平,同时放电开关管导通;当输入信号自 2 脚输入并低于$\frac{1}{3}V_{CC}$时,触发器置位,555 的 3 脚输出高电平,同时放电开关管截止。

$\overline{R}_D$ 是复位端(4 脚),当 $\overline{R}_D=0$,555 输出低电平。平时 $\overline{R}_D$端开路或接 V_{CC}。

V_{CO}是控制电压端(5 脚),平时以$\frac{2}{3}V_{CC}$作为比较器 C_1 的参考电平,当 5 脚外接一个输入电压,即改变了比较器的参考电平,从而实现对输出的另一种控制,在不接外加电压时,通常接一个 0.01 μF 的电容器到地,起滤波作用,以消除外来的干扰,确保参考电平的稳定。

T_D为放电管,当 T_D导通时,将给接于 7 脚的电容器提供低阻放电通路。

555 定时器的功能由表 3-10-1 所示。

表 3-10-1 555 定时器的功能

输入			输出		备注
$\overline{R}_D$	v_{I1}	v_{I2}	v_O	T_D状态	
0	×	×	0	导通	当控制电压输入端 V_{CO} 外接电压时,表中$\frac{2}{3}V_{CC}$ 应用V_{CO}代替,$\frac{1}{3}V_{CC}$应用$\frac{1}{2}V_{CO}$代替。
1	$>\frac{2}{3}V_{CC}$	$>\frac{1}{3}V_{CC}$	0	导通	
1	$<\frac{2}{3}V_{CC}$	$>\frac{1}{3}V_{CC}$	不变	不变	
1	$>\frac{2}{3}V_{CC}$	$<\frac{1}{3}V_{CC}$	1	截止	
1	$<\frac{2}{3}V_{CC}$	$<\frac{1}{3}V_{CC}$	1	截止	

555 定时器主要是与电阻、电容构成充放电电路,并由两个比较器来检测电容器上的电压,以确定输出电平的高低和放电开关管的通断。这就很方便地构成从微秒到数十分钟的延时电路,可方便地构成单稳态触发器,多谐振荡器,施密特触发器等脉冲产生或波形变换电路。

2. 555 定时器的典型应用

(1) 用 555 定时器组成施密特触发器

将 555 定时器的 v_{I1} 和 v_{I2} 两个输入端连在一起作为信号输入端,如图 3-10-3 所示,即可得到施密特触发器。

由于比较器 C_1 和 C_2 的参考电压不同,因而基本 RS 触发器的置 0 信号($v_{C1}=0$)和置 1 信号($v_{C2}=0$)必然发生在输入信号的不同电平。因此,输出电压 V_O 由高电平变为低电平和由低电平变为高电平所对应的 v_1 值也不同,这样就形成了施密特触发器,其电压传输特性如图 3-10-4 所示。

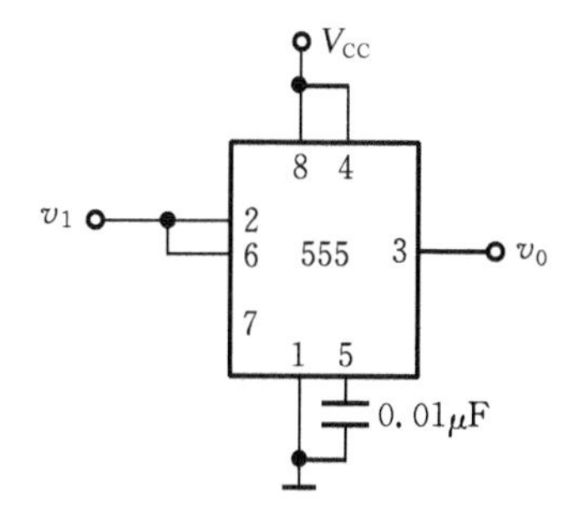

图 3-10-3　用 555 构成施密特触发器

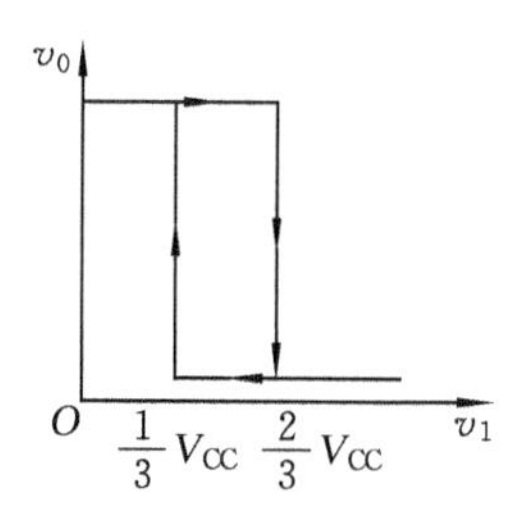

图 3-10-4　图 3-11-3 电路的电压传输特性

根据 555 定时器的结构和功能可知：

当输入电压 $v_1=0$ 时，$v_0=1$；v_1 由 0 逐渐升高到$\frac{2}{3}V_{CC}$时，v_0 由 1 变 0；

当输入电压 v_1 从高于$\frac{2}{3}V_{CC}$开始下降到$\frac{1}{3}V_{CC}$时，v_0 由 0 变为 1。

由此得到 555 构成的施密特触发器正向阈值电压 $V_{T+}=\frac{2}{3}V_{CC}$，负向阈值电压 $V_{T-}=\frac{1}{3}V_{CC}$，回差电压 $\Delta V_T=\frac{1}{2}V_{CC}$ 。通过改变 V_{CC} 值可以调节回差电压的大小。

(2) 用 555 定时器构成多谐振荡器

先将 555 定时器接成施密特触发器，然后在施密特触发器的基础上改接成多谐振荡器，其电路及工作波形如图 3-10-5 所示。其工作原理如下。

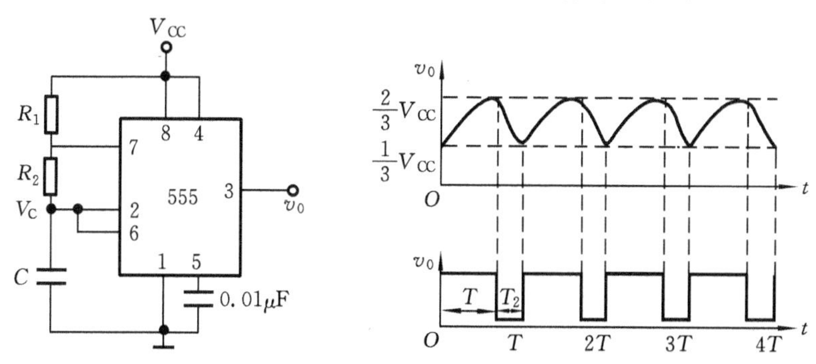

图 3-10-5　555 构成的多谐振荡器电路及其工作波形

当 555 定时器输出为高电平时，三极管 T_D 截止，电源 V_{CC} 经过 R_1、R_2 对电容 C 充电。随着充电的进行，电容电压 V_C 按指数规律上升。

当电容电压 V_C 上升到$\frac{2}{3}V_{CC}$时，555 定时器输出变为低电平，三极管 T_D 导通，此时，电容 C 开始经过 R_2、T_D 放电。随着放电的进行，电容电压 V_C 按指数规律下降。

当电容电压V_C下降到$\frac{1}{3}V_{CC}$时，555 定时器的输出又变为高电平，三极管T_D截止，电容C又开始充电。如此循环下去，就可输出幅度一定、周期一定的矩形脉冲波。

输出信号的时间参数是：

正脉冲宽度(充电时间)

$$T_1=(R_1+R_2)\cdot C\cdot \ln\frac{v_C(\infty)-v_C(0)}{v_C(\infty)-v_C(T_1)}$$

$$=(R_1+R_2)\cdot C\cdot \ln\frac{V_{CC}-\frac{1}{3}V_{CC}}{V_{CC}-\frac{2}{3}V_{CC}}$$

$$=(R_1+R_2)\cdot C\cdot \ln 2$$

$$T_1\approx 0.695(R_1+R_2)C$$

负脉冲宽度(放电时间)

$$T_2=R_2\cdot C\cdot \ln\frac{v_C(\infty)-v_C(0)}{v_C(\infty)-v_C(T_2)}$$

$$=R_2\cdot C\cdot \ln\frac{0-\frac{2}{3}V_{CC}}{0-\frac{1}{3}V_{CC}}$$

$$=R_2C\ln 2\approx 0.695\ R_2C$$

振荡周期

$$T=T_1+T_2=(R_1+2R_2)C\ln 2\approx 0.695(R_1+2R_2)C \tag{1}$$

占空比

$$q=\frac{T_1}{T}=\frac{R_1+R_2}{R+2R_2}>50\% \tag{2}$$

公式(1)和(2)可看出，改R_1、R_2和C可以调整振荡周期，并且改变R_1、R_2还可以调整占空比，而改变C可调整周期，但不影响占空比。

如果参考电压由外接的电压V_{CO}供给，则有

$$T_1=(R_1+R_2)\cdot C\cdot \ln\frac{V_{CO}-\frac{1}{2}V_{CO}}{V_{CO}-V_{CO}}$$

$$T_2=R_2C\ln\frac{0-V_{CO}}{0-\frac{1}{2}V_{CO}}=R_2C\ln 2$$

由此可见，当 555 定时器的管脚 5 外接电源电压V_{CO}时，改变V_{CO}也可改变振

荡周期和占空比。

(3) 用 555 定时器构成单稳态触发器

若输入的触发信号 v_i 由低触发端输入，并且触发信号为负脉冲，则 555 定时器构成的单稳态触发器电路和工作波形如图 3-10-6 所示。

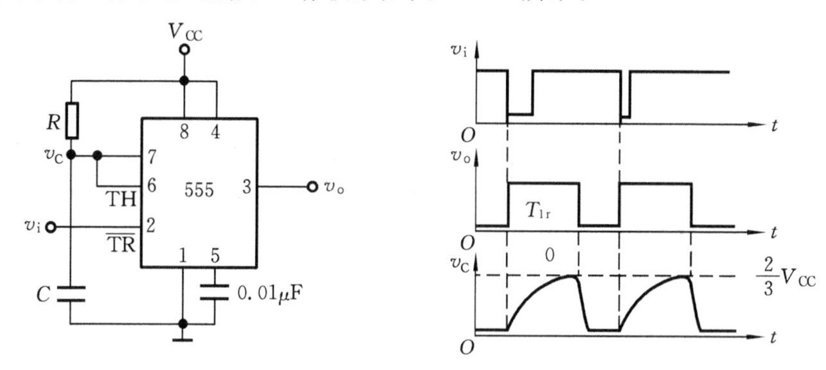

图 3-10-6　555 构成的单稳态触发器电路及其工作波形

当 v_i 没有触发信号时处于高电平，那么稳态时电路一定处于 $v_C=0$ 状态，此时 T_D 导通，RS 触发器停在 $Q=0$ 的状态。

当触发负脉冲到来时，$v_i<\frac{1}{3}V_{CC}$，使比较器 C_2 的输出 $v_{C2}=0$，RS 触发器被置 1，输出跳变为高电平 $v_O=1$，电路进入暂稳态。与此同时 T_D 截止，V_{CC} 经 R 开始向电容 C 充电。

当电容充电至 $v_C=\frac{2}{3}V_{CC}$ 时，比较器 C_1 的输出变为 $v_{C1}=0$。如果此时输入端的触发脉冲已消失，v_i 回到了高电平，则 RS 触发器被置 0，于是输出跳变为低电平 $v_O=0$，同时 T_D 又变为导通状态，电容 C 经 T_D 迅速放电，直至 $v_C\approx 0$，电路恢复到稳态。

单稳态触发器的周期与它的触发信号周期相等，输出脉冲宽带 T_W 取决于外接电阻 R 和 C 的大小。由图 3-10-6 可知，T_W 等于电容电压在充电过程中从 0 上升到 $\frac{2}{3}V_{CC}$ 所需要的时间，因此得到

$$T_W = RC\ln\frac{v_C(\infty)-v_C(0)}{v_C(\infty)-v_C(T_W)} = RC\ln\frac{V_{CC}-0}{V_{CC}-\frac{2}{3}V_{CC}} = RC\ln 3 \approx 1.1\,RC$$

注意：① 触发脉宽应小于输出脉宽，否则电路工作不正常；

② 通常 R 的取值在几百欧姆到几兆欧姆之间，电容的取值范围为几百皮法到几百微法，T_W 的范围为几秒到几分钟。但必须注意，随着 T_W 的宽度增加它的精度和稳定也将下降。

三、实验内容

① 施密特触发器。

按图 3-10-3 接线，输入信号由信号源提供，预先调好 v_i 的频率为 1 kHz，接通电源，逐渐加大 v_i 的幅度，观测输出波形，测绘电压传输特性，算出回差电压 ΔU。

② 单稳态触发器。

a. 按图 3-10-6 连线，取 $R=100\ \text{k}\Omega$，$C=47\ \mu\text{F}$，输入信号 v_i 由单次脉冲源提供，用双踪示波器观测 v_i，v_C，v_o 波形。测定幅度与暂稳时间。

b. 将 R 改为 1 kΩ，C 改为 0.1 μF，输入端加 1 kHz 的连续脉冲，观测波形 v_i，v_C，v_o，测定幅度及暂稳时间。

③ 多谐振荡器。

按图 3-10-5 接线，用双踪示波器观测 v_C 与 v_o 的波形，测定频率。

④ 用 555 定时器设计一个频率为 1 kHz、占空比可调的方波发生器，并用示波器观察输出波形。

四、实验设备

示波器，实验箱，电脑，器件包括 555 定时器、电阻、电容、二极管及可调电位器若干。

五、复习要求

① 熟悉示波器的使用方法。

② 熟悉 555 定时器的功能和管脚排列。

③ 设计并画出实验内容 4 的电路图。

六、实验报告

① 绘出详细的实验线路图，定量绘出观测到的波形。

② 分析、总结实验结果。

实验十一　D/A、A/D 转换器

一、实验目的

① 了解 D/A 和 A/D 转换器的基本工作原理和基本结构；

② 掌握大规模集成 D/A 和 A/D 转换器的功能及其典型应用。

二、实验原理

在数字电子技术的很多应用场合，往往需要把模拟量转换为数字量的设备，称为模/数转换器（A/D 转换器，简称 ADC）；或把数字量转换成模拟量的设备，称为数/模转换器（D/A 转换器，简称 DAC）。完成这种转换的线路有多种，特别是单片大规模集成 A/D、D/A 转换器问世，为实现上述转换提供了极大的方便。使用者借助于手册提供的器件性能指标及典型应用电路，即可正确使用这些器件。本实验将采用大规模集成电路 DAC0832 实现 D/A 转换，ADC0809 实现 A/D 转换。

1. D/A 转换器 DAC0832

DAC0832 是采用 CMOS 工艺制成的单片电流输出型 8 位数/模转换器。图 3-11-1是 DAC0832 的逻辑框图及引脚排列。

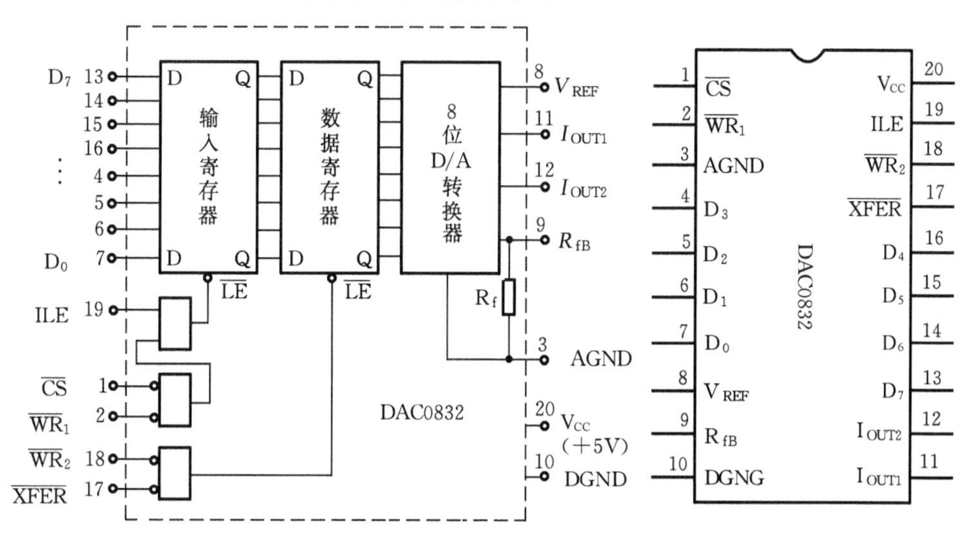

图 3-11-1　DAC0832 单片 D/A 转换器逻辑框图和引脚排列

器件的核心部分采用倒T型电阻网络的8位D/A转换器，如图3-11-2所示。它是由倒T型R-2R电阻网络、模拟开关、运算放大器和参考电压V_{REF}四部分组成。

运放的输出电压为

$$V_0=\frac{V_{REF}\cdot R_f}{2^nR}(D_{n-1}\cdot 2^{n-1}+D_{n-2}\cdot 2^{n-2}+\cdots+D_0\cdot 2^0)$$

由上式可见，输出电压V_0与输入的数字量成正比，这就实现了从数字量到模拟量的转换。一个8位的D/A转换器有8个输入端，每个输入端是8位二进制数的一位，有一个模拟输出端，输入可有$2^8=256$个不同的二进制组态，输出为256个电压之一，即输出电压不是整个电压范围内任意值，而只能是256个可能值。

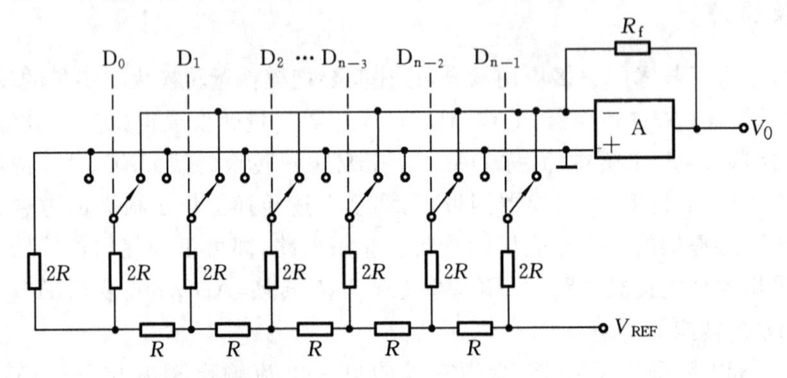

图3-11-2 倒T型电阻网络D/A转换电路

DAC0832的引脚功能说明如下。

D_0～D_7：数字信号输入端。

ILE：输入寄存器允许，高电平有效。

$\overline{CS}$：片选信号，低电平有效。

$\overline{WR_1}$：写信号1，低电平有效。

$\overline{XFER}$：传送控制信号，低电平有效。

$\overline{WR_2}$：写信号2，低电平有效。

I_{OUT1}，I_{OUT2}：DAC电流输出端。

R_{fB}：反馈电阻，是集成在片内的外接运放的反馈电阻。

V_{REF}：基准电压(－10～＋10)V。

V_{CC}：电源电压(＋5～＋15)V。

AGND：模拟地。

NGND：数字地，可接在一起使用。

DAC0832输出的是电流，要转换为电压，还必须经过一个外接的运算放大器，实验线路如图3-11-3所示。

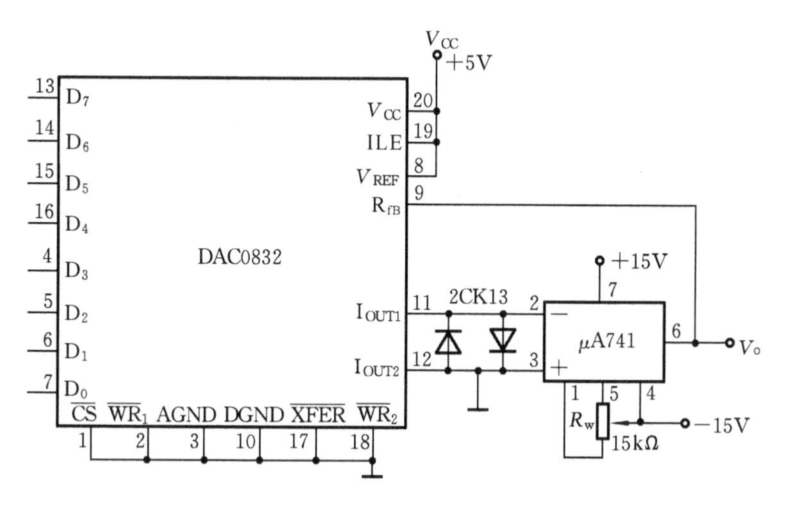

图 3-11-3　D/A 转换器实验线路

2. A/D 转换器 ADC0809

ADC0809 是采用 CMOS 工艺制成的单片 8 位 8 通道逐次渐近型模/数转换器，其逻辑框图及引脚排列如图 3-11-4 所示。

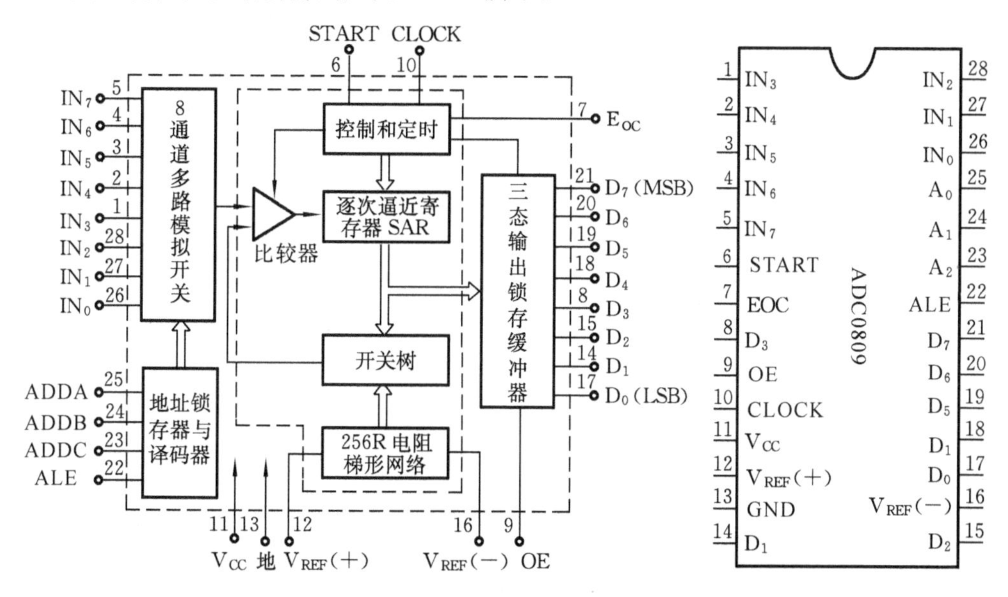

图 3-11-4　ADC0809 转换器逻辑框图及引脚排列

器件的核心部分是 8 位 A/D 转换器，它由比较器、逐次渐近寄存器、D/A 转换器及控制和定时 5 部分组成。

ADC0809 的引脚功能说明如下。

$IN_0 \sim IN_7$:8 路模拟信号输入端。

A_2、A_1、A_0:地址输入端。

ALE:地址锁存允许输入信号,在此脚施加正脉冲,上升沿有效,此时锁存地址码,从而选通相应的模拟信号通道,以便进行 A/D 转换。

START:启动信号输入端,应在此脚施加正脉冲,当上升沿到达时,内部逐次逼近寄存器复位,在下降沿到达后,开始 A/D 转换过程。

EOC:转换结束输出信号(转换结束标志),高电平有效。

OE:输入允许信号,高电平有效。

CLOCK(CP):时钟信号输入端,外接时钟频率一般为 640 kHz。

V_{CC}:+5V 单电源供电

$V_{REF}(+)$、$V_{REF}(-)$:基准电压的正极、负极。一般 $V_{REF}(+)$接+5V 电源,$V_{REF}(-)$接地。

$D_7 \sim D_0$:数字信号输出端

(1) 模拟量输入通道选择

8 路模拟开关由 A_2、A_1、A_0三地址输入端选通 8 路模拟信号中的任何一路进行 A/D 转换,地址译码与模拟输入通道的选通关系如表 3-11-1 所示。

表 3-11-1 地址译码与模拟输入通道的选通关系

被选模拟通道		IN_0	IN_1	IN_2	IN_3	IN_4	IN_5	IN_6	IN_7
地址	A_2	0	0	0	0	1	1	1	1
	A_1	0	0	1	1	0	0	1	1
	A_0	0	1	0	1	0	1	0	1

(2) D/A 转换过程

在启动端(START)加启动脉冲(正脉冲),D/A 转换即开始。如将启动端(START)与转换结束端(EOC)直接相连,转换将是连续的,在用这种转换方式时,开始应在外部加启动脉冲。

三、实验内容

1. D/A 转换器——DAC0832

① 按图 3-11-3 接线,电路接成直通方式,即$\overline{CS}$、$\overline{WR_1}$、$\overline{WR_2}$、$\overline{XFER}$接地;ALE、V_{CC}、V_{REF}接+5V 电源;运放电源接±15V;$D_0 \sim D_7$ 接逻辑开关的输出插口,输出端 V_o接直流数字电压表。

② 调零,令 $D_0 \sim D_7$ 全置零,调节运放的电位器使 μA741 输出为零。

③ 按表 3-11-2 所列的输入数字信号,用数字电压表测量运放的输出电压 U_0,并将测量结果填入表中,并与理论值进行比较。

表 3-11-2 运放的输出电压

输入数字量								输出模拟量 U_0/U
D_7	D_6	D_5	D_4	D_3	D_2	D_1	D_0	$V_{CC}=+5$ V
0	0	0	0	0	0	0	0	
0	0	0	0	0	0	0	1	
0	0	0	0	0	0	1	0	
0	0	0	0	0	1	0	0	
0	0	0	0	1	0	0	0	
0	0	0	1	0	0	0	0	
0	0	1	0	0	0	0	0	
0	1	0	0	0	0	0	0	
1	0	0	0	0	0	0	0	
1	1	1	1	1	1	1	1	

2. A/D **转换器**——ADC0809

① 按图 3-11-5 接线，八路输入模拟信号 1～4.5 V，由+5 V 电源经电阻 R 分压组成；变换结果 D_0～D_7 接逻辑电平显示器输入插口，CP 时钟脉冲由计数脉冲源提供，取 $f=100$ kHz；A_0～A_2 地址端接逻辑电平输出插口。

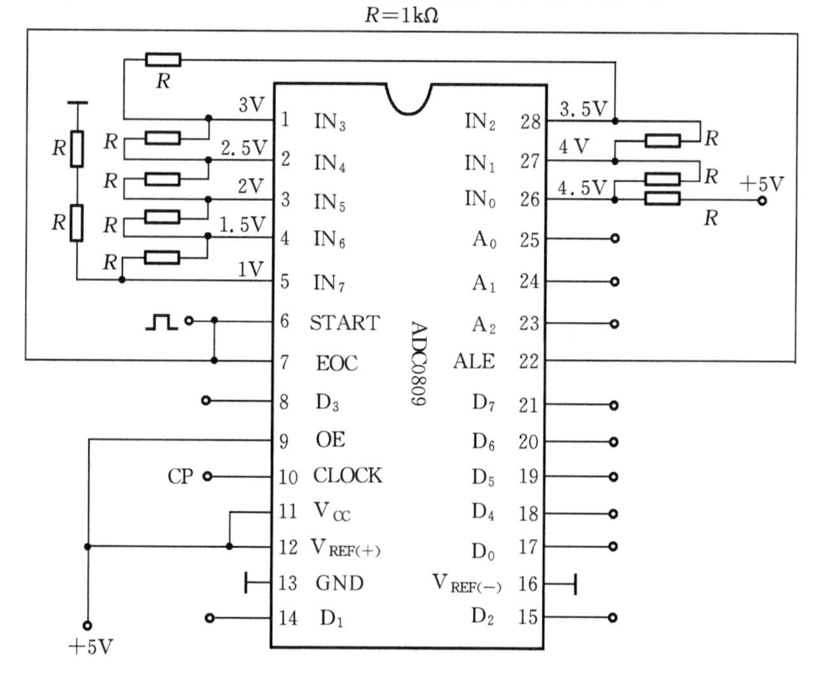

图 3-11-5 ADC0809 实验线路

② 接通电源后，在启动端(START)加一正单次脉冲，下降沿一到即开始 A/D 转换。

③ 按表 3-11-3 的要求观察，记录 IN_0～IN_7 八路模拟信号的转换结果，并将转换结果换算成十进制数表示的电压值，并与数字电压表实测的各路输入电压值进行比较，分析误差原因。

表 3-11-3 AD 转换中八路模拟信号转换结果

被选模拟通道	输入模拟量	地址			输出数字量								
IN	V_i/V	A_2	A_1	A_0	D_7	D_6	D_5	D_4	D_3	D_2	D_1	D_0	十进制
IN_0	4.5	0	0	0									
IN_1	4.0	0	0	1									
IN_2	3.5	0	1	0									
IN_3	3.0	0	1	1									
IN_4	2.5	1	0	0									
IN_5	2.0	1	0	1									
IN_6	1.5	1	1	0									
IN_7	1.0	1	1	1									

四、实验设备

+5V、±15V 直流电源，双踪示波器，计数脉冲源，逻辑电平开关，逻辑电平显示器，直流数字电压表，DAC0832、ADC0809、μA741、电位器、电阻、电容若干。

五、复习要求

① 复习 A/D、D/A 转换器的工作原理。

② 熟悉 ADC0809、DAC0832 各引脚功能，使用方法。

③ 拟定各个实验内容的具体实验方案。

六、实验报告

整理实验数据，分析实验结果。

实验十二　TTL 与非门的参数测试

一、实验目的

① 掌握 TTL 与非门主要参数的含义及测试方法；

② 熟悉集成元器件管脚排列特点。

二、实验原理

TTL 集成与非门是数字电路中广泛使用的一种基本逻辑门，使用时必须对它的逻辑功能、主要参数和特性曲线进行测试，以确定其性能好坏。

本实验采用 TTL 集成元器件 74LS20 与非门进行测试。它是一个四输入双与非门，形状为双列直插式，其内部分电路和外引线排列图如图 3-12-1(a)和图 3-12-1(b)所示。标准符号图如图 3-12-2 所示。逻辑表达式为

$$F = \overline{ABCD}$$

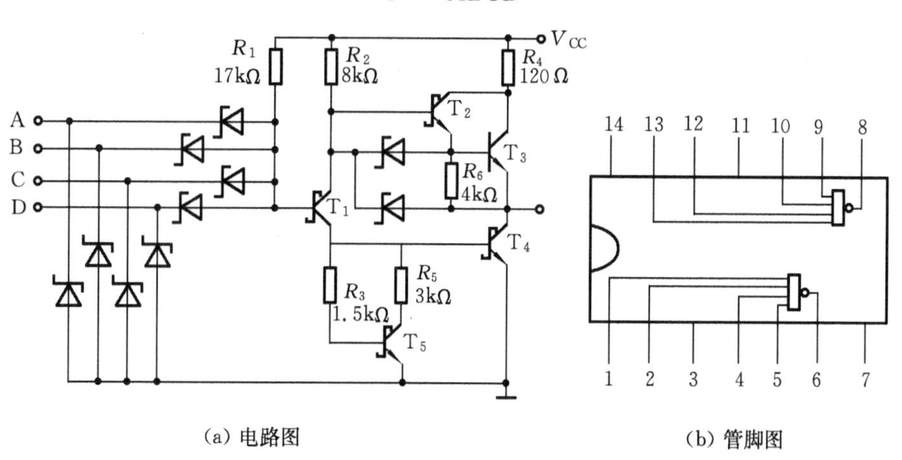

(a) 电路图　　(b) 管脚图

图 3-12-1　74LS20 的电路图和管脚图

TTL 与非门主要参数如下。

1. 空载导通电流 I_{CCL} 与空载截止电流 I_{CCH}

I_{CCL} 是指输入端全部悬空、输出端空载，与非门处于导通状态时，电源供给的电流。I_{CCH} 是指输入端接低电平、输出空载，与非门处于截止状态时，电源供给的

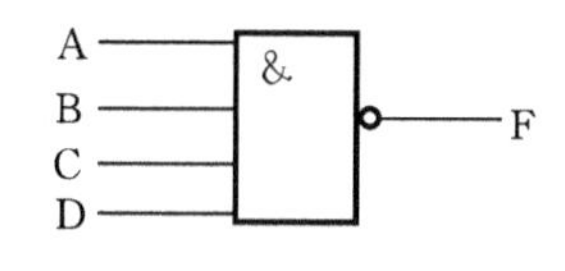

图 3-12-2　74LS20 的符号图

电流。I_{CCL}和I_{CCH}的大小标志着与非门电路在静态情况下功耗的大小，空载导通功耗$P_{CCL}=I_{CCL}V_{CC}$和空载截止功耗P_{CCL}和P_{CCH}二者越小越好。一般手册给出的功耗通常指P_{CCL}，因为门路在导通状态时I_{CCL}较大。74LS20 的$I_{CCL}\leqslant 14$ mA。

2. 低电平输入电流 I_{IL}

I_{IL}是指当一个输入端接地，而其他输入端悬空时，流向接地端的电流，又称为输入短路电流。I_{IL}的大小关系到前一级门电路能带动负载的个数。74LS20 的典型值$I_{IL}\leqslant 1.6$ mA，最大值$I_{IL}\leqslant 2$ mA。注意，I_{IL}过大或过小都不好。若I_{IL}太大，增加了前一级负载，使前一级驱动门的个数减小；而I_{IL}太小，说明集成电路有问题，不能正常工作。

3. 高电平输入电流 I_{IH}

I_{IH}是指当一个输入端接高电平，而其他输入端接地时，流过接高电平输入端的电流，又称为交叉漏电流。它主要由多发射级管寄生的 NPN 管效应及漏电流引起的。主要作为前级门输出为高电平时的拉电流。当I_{IH}太大时，就会因为“拉出”电流太大，而使前级门输出高电平降低。74LS20 的$I_{IH}\leqslant 50\ \mu$A。

4. 输入开门电平 V_{ON} 和关门电平 V_{OFF}

V_{ON}是指与非门输出端接额定负载时，使输出处于低电平状态时所允许的最小输入电压。74LS20 的$V_{ON}\leqslant 1.8$V，$V_{OL}\leqslant 0.4$V。

V_{OFF}是指使与非门输出处于高电平状态所允许的最大输入电压。74LS20 的$V_{OFF}\geqslant 1$ V，$V_{OH}=2.4$ V。

5. 输出高电平 V_{OH} 和输出低电平 V_{OL}

V_{OH}是指与非门一个以上的输入端接低电平或接地，输出电压的大小。此时门电路处于截止状态。如输出空载，V_{OH}在 3.6 V 左右，当输出端接有拉电流负载时，V_{OH}将降低。74LS20 的V_{OH}一般为 2.4 V$\leqslant V_{OH}\leqslant$4.2 V。

V_{OL}是指与非门的所有输入端均接高电平时，输出电压的大小。此时门电路处于导通状态。V_{OL}的大小主要由T_5管的饱和度和外接负载的灌电流而定。如输出空载V_{OL}约为 0.1V，输出接额定负载 74LS20 的$V_{OL}\leqslant 0.4$ V。

6. 扇出系数 N_0

N_0是说明输出端负载能力的一项参数，它表示驱动同类型门电路的数目。N_0的大小主要受输出低电平时，输出端允许灌入的最大电流的限制。如灌入负载电流超出该数值，输出低电平将显著抬高，造成一级逻辑电路的错误动作。74LS20 的$N_0\geqslant 8$，$V_{OL}=0.4$ V。

7. 平均传输延迟时间 t_{pd}

t_{pd}是指与非门输出波形相对输入波形的延时，如图 3-12-3 所示，V_i为输入波形，V_o为输出波形。导通延时t_{pdL}为输出波形下降沿的 50%相对于输入波形上升

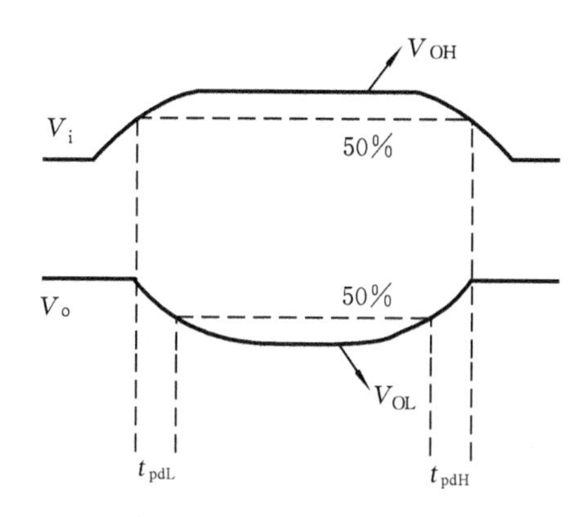

图 3-12-3 平均延迟时间的定义

沿的 50%之间的时间间隔，而截止延时 t_{pdH} 为输出波形上升沿的 50%，相对于输入波形下降沿 50%之间的间隔，平均延时就是：$t_{pd}=\frac{1}{2}(t_{pdL}+t_{pdH})$。平均传输延时是衡量门电路开关速度的一个重要指标。TTL 电路的 t_{pd} 一般在 10 ns 到 20 ns 之间。74LS20 为中速的与非门，其 t_{pd} 为 10～20 ns。表 3-12-1 为 74LS20 四输入端双与非门主要参数规范值。

表 3-12-1 74LS20 四输入端双与非门主要参数规范值

	参数名称和符号		规范值	单　位	测试条件
直流参数	导通电源电流	I_{CCL}	≤14	mA	$V_{CC}=5.5$ V，输入端悬空，输出端空载
	低电平输入电流	I_{IL}	≤1.6	mA	$V_{CC}=5.5$ V，被测输入端接地，其他输入端悬空，输出端空载
	高电平输入电流	I_{IH}	≤50	μA	$V_{CC}=5.5$ V，被测输入端 $V_{in}=2.4$ V，其他输入端接地，输出端空载
			≤1	mA	$V_{CC}=5.5$ V，被测输入端 $V_{in}=5.5$ V，其他输入端接地
	输出高电平电压	V_{OH}	≥2.4	V	$V_{CC}=5.5$ V，被测输入端 $V_{in}=0.8$ V，其他输入端悬空，$I_{OH}=400$ μA
	输出低电平电压	V_{OL}	≤0.4	V	$V_{CC}=5.5$ V，被测输入端 $V_{IH}=2.0$ V，$I_{OH}=12.8$ mA
	扇出系数	N_0	≥8		同 V_{CN} 和 V_{OL}
交流参数	平均传输延迟时间	t_{pd}	≤20	ns	$V_{CC}=5.0$ V，被测输入端 $V_{in}=3.0$ V，$f=2$ MHz，t_r、$t_f=10\sim15$ ns，其他输入端接 2.4 V，$R_L=300$ Ω

三、实验内容

① 导通电源电流 I_{CCL} 和截止电流 I_{CCH}，按图 3-12-4 连线即可。测得

$I_{CCL}=$ ________ mA，$I_{CCH}=$ ________ mA。

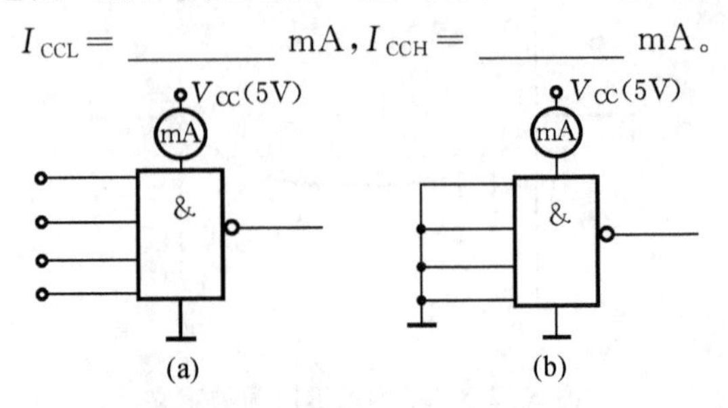

图 3-12-4　I_{CCL} 和 I_{CCH} 测试电路图

② 低电平输入电流 I_{IL}，按图 3-12-5 连线即可，测得 $I_{IL}=$ ________ mA。

③ 高电平输入电流 I_{IH}，按图 3-12-6 连线即可，测得 $I_{IH}=$ ________ μA。

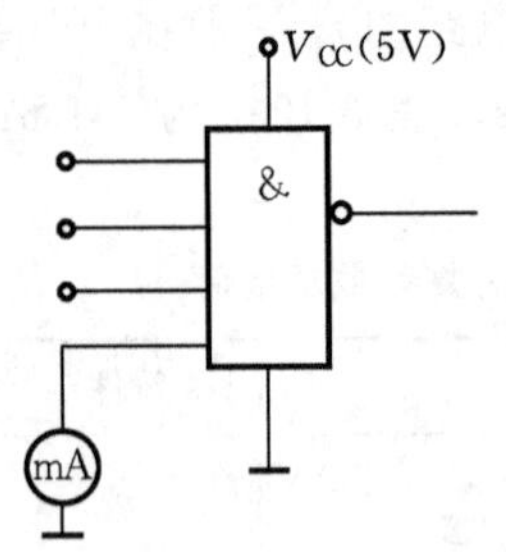

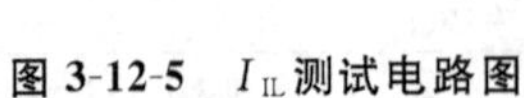

图 3-12-5　I_{IL} 测试电路图

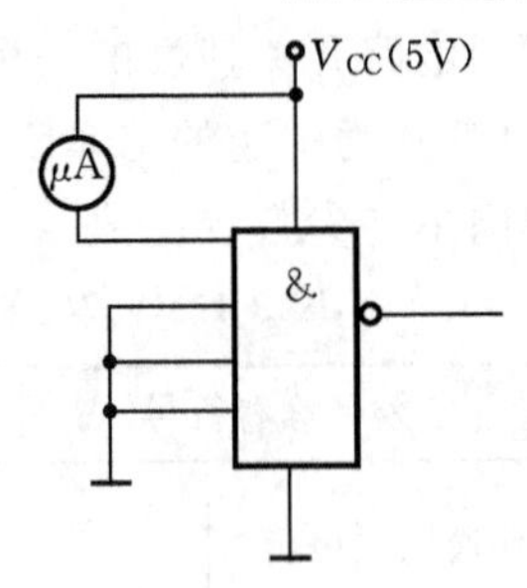

图 3-12-6　I_{IH} 测试电路图

④ 扇出系数 N_0。

按图 3-12-7 接线，调节 R_L 值，使输出电压 $V_{OL}=0.4$ V，测出此时 $I_{OL}=$ ________ mA，然后由公式 $N_0=\frac{I_{OL}}{I_{IL}}$，求得 N_0。

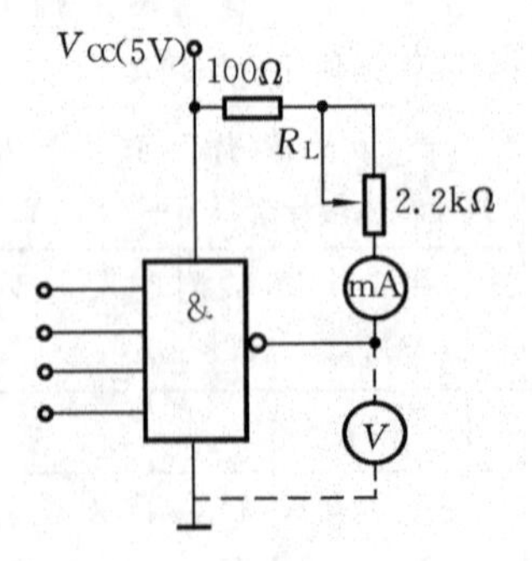

图 3-12-7　扇出系数测试电路

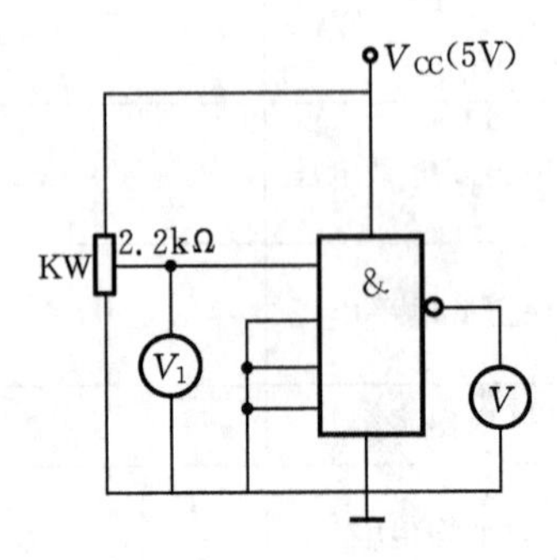

图 3-12-8　电压传输特性电路图

⑤ 电压传输特性。

按图 3-12-8 接线，调节 R_W 值，使 V_i 从 0V 至 2.4 V 变化，逐点测出 V_i 和 V_o，并记录在表 3-12-2 中，然后在电压传输特性曲线上求得 V_{OH}、V_{OL}、V_T、V_{ON}、V_{OFF}，以及低电平噪声容限 $V_{VL}=V_{OFF}-V_{OL}$ 和高电平噪声容限 $V_{NH}=V_{OH}-V_{ON}$。

表 3-12-2　电压传输特性

V_i/V	0	0.3	0.5	1.0	1.1	1.2	1.3	1.4	1.5	1.6	1.7	1.8	1.9	2.0	2.4
V_o/V															

⑥ 平均传输延时时间 t_{pd}。

按图 3-12-9 接线。图中用奇数个与非门串联闭路连接，构成振荡回路。用脉冲示波器观察振荡波形并测出 t_{pd}。

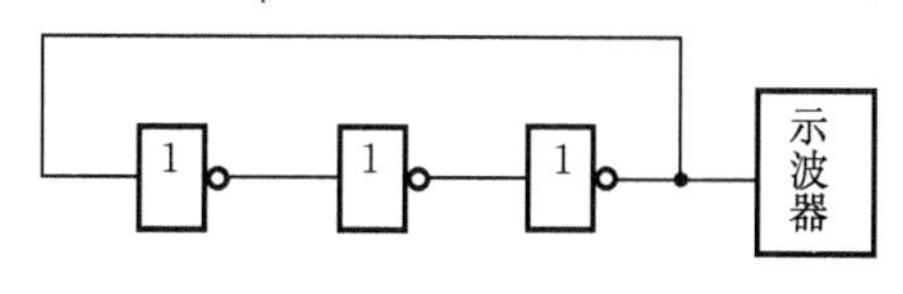

图 3-12-9　环形振荡器

四、实验设备

双踪示波器，实验箱，万用表，器件 74LS20，电阻及电位器等。

五、复习要求

熟悉本实验待测集成块(74LS20)主要参数的含义及测试方法。

六、实验报告

① 列表记录，整理实验结果，把测得 74LS20 与非门的参数值与它的规范值相比较。

② 画出测试 74LS20 与非门各参数的原理图，并注明测试条件。画出实测的电压传输特性曲线，并从其上读出有关参数值。

实验十三　智力竞赛抢答器电路

一、实验目的

① 学习数字电路中 D 触发器、分频电路、多谐振荡器、CP 时钟脉冲源等单元电路的综合运用；

② 熟悉智力竞赛抢答器的工作原理；

③ 了解简单数字系统实验、调试及故障排除方法。

二、实验原理

图 3-13-1 所示为抢答器的逻辑框图，它主要由输入电路、判别电路、光显示电路、脉冲电路、分频计时电路等组成。抢答时，当抢先者按下按钮时，输入电路立即输出一抢答信号，经判别电路后，输出响应去驱动光显示电路。

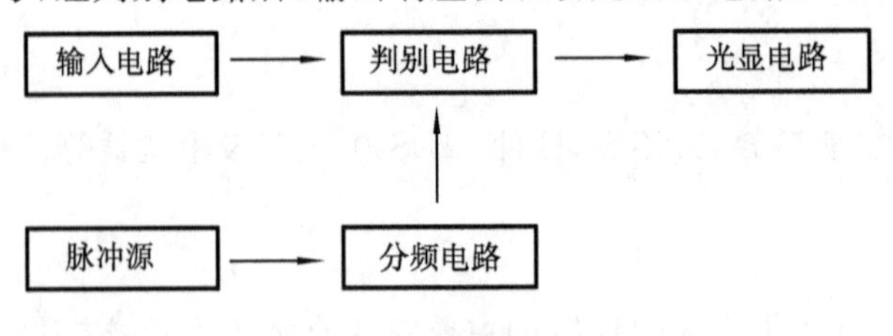

图 3-13-1　抢答器框图

图 3-13-2 所示为四人智力竞赛抢答器参考逻辑图。

图中 F_1 为四 D 触发器 74LS175，它具有公共置 0 端和公共 CP 端，F_2 为双 4 输入与非门 74LS20；F_3 是由 74LS00 组成的多谐振荡器；F_4 是由 74LS74 组成的四分频电路，F_3、F_4 组成抢答电路中的 CP 时钟脉冲源。抢答开始时，由主持人清除信号，按下复位开关 S，74LS175 的输出 Q_1～Q_4 全为 0，所有发光二极管 LED 均熄灭。当主持人宣布“抢答开始”后，首先作出判断的参赛者立即按下开关，对应的发光二极管点亮；同时，通过与非门 F_2 送出信号锁住其余三个抢答者的电路，不再接受其他信号，直到主持人再次清除信号为止。

三、实验内容

自行设计一个智力抢答器，要求：

① 四组参赛者进行抢答，当抢先者按下按钮时，抢答器能准确地判断出抢先者，并以声、光为标志；

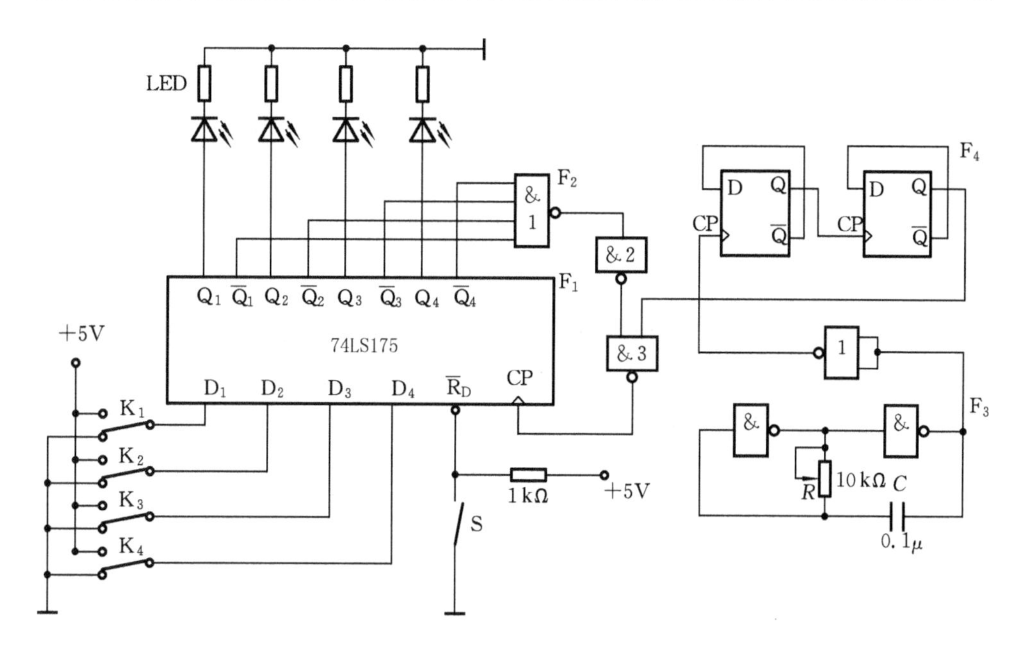

图 3-13-2　智力竞赛抢答装置原理图

② 具有互锁功能，某组抢答后能自动封锁其他各组进行抢答；

③ 具有限时功能，时间为 60 s，以声、光报警；

④ 抢答者犯规时，应自动发出告警信号，以声、光标志；

⑤ 具有复位功能。

四、复习要求

① 根据设计任务要求，从选择设计方案开始，首先按单元电路进行设计，选择合适的元器件，最后画出总原理图。

② 通过安装调试直至实现任务要求的全部功能。要求电路布局合理、走线清楚、工作可靠。

五、实验报告

① 分析智力竞赛抢答装置各部分功能及工作原理。

② 总结数字系统的设计、调试方法。

③ 写出完整的实验报告，其中包括调试中出现的异常现象的分析与讨论。

实验十四　数　字　钟

一、实验目的

① 学习数字电路中计数器、分频电路、多谐振荡器、CP时钟脉冲源等单元电路的综合运用；

② 熟悉数字钟的工作原理；

③ 了解简单数字系统实验、调试及故障排除方法。

二、实验原理

图3-14-1所示为数字钟的逻辑框图，它主要由晶振电路、分频电路、计数电路、译码显示电路等组成。

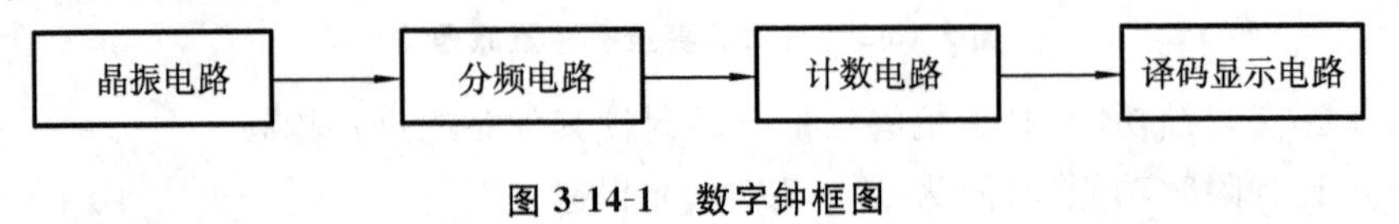

图3-14-1　数字钟框图

三、实验内容

自行设计一个数字钟，要求：

① 设计一个具有“时”、“分”、“秒”十进制数字显示的计时器；

② 具有手动校时、校分的功能。

四、实验设备

自选。

五、复习要求

① 根据设计任务要求，从选择设计方案开始，首先按单元电路进行设计，选择合适的元器件，最后画出总原理图。

② 通过安装调试直至实现任务要求的全部功能。要求电路布局合理、走线清楚、工作可靠。

六、实验报告

① 分析数字钟各部分功能及工作原理。

② 总结数字系统的设计、调试方法。

③ 写出完整的实验报告，其中包括调试中出现的异常现象的分析与讨论。

第四章　设计综合性实验

实验一　受控源特性的研究

一、实验目的

① 通过实验加深对受控源概念的理解；

② 通过对电压控制电压源(VCVS)和电压控制电流源(VCCS)的测试，加深对两种受控源的受控特性及负载特性的认识；

③ 通过实验熟悉运算放大器的使用。

二、实验原理

受控源是对某些电路元件物理性能的模拟，反映电路中某支路的电压或电流受另一支路的电压或电流控制的关系。测量受控量与控制量之间的关系，就可以掌握受控源输入量与输出量间的变化规律。受控源具有独立源的特性，受控源的受控量仅随控制量的变化而变化，与外接负载无关。

根据控制量与受控量的不同，受控源可分为四种类型。即电压控制电压源(VCVS)、电流控制电压源(CCVS)、电压控制电流源(VCCS)、电流控制电流源(CCCS)。电路模型如图 4-1-1 所示。

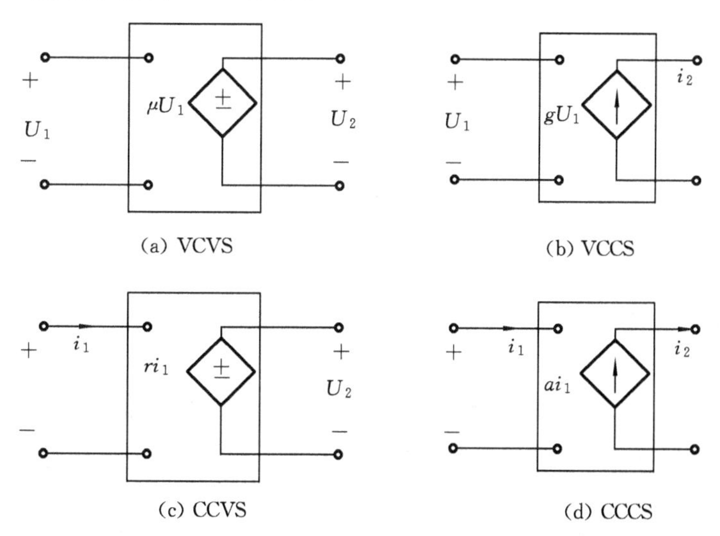

图 4-1-1　受控源的四种类型

① 受控源可以用运算放大器来实现。运算放大器是一种高增益、高输入阻抗和低输出阻抗的放大器,常用图 4-1-2(a)所示电路符号表示,其等效电路模型如图 4-1-2(b)所示。它有两个输入端、一个输出端和一个对输入和输出信号的参考接地端。两个输入端中一个叫做同相输入端,另一个叫做反相输入端。所谓同相输入端是指:当反相输入端电压为零时,输出电压的极性和该输入端的电压极性相同,同相输入端在电路符号上用"+"号表示。所谓反相输入端是指:当同相输入端电压为零时,输出电压的极性和该输入端电压的极性相反。反相输入端在电路符号上用"－"号表示。当两输入端同时有电压作用时,输出电压为

$$U_O = A_O(U_P - U_N)$$

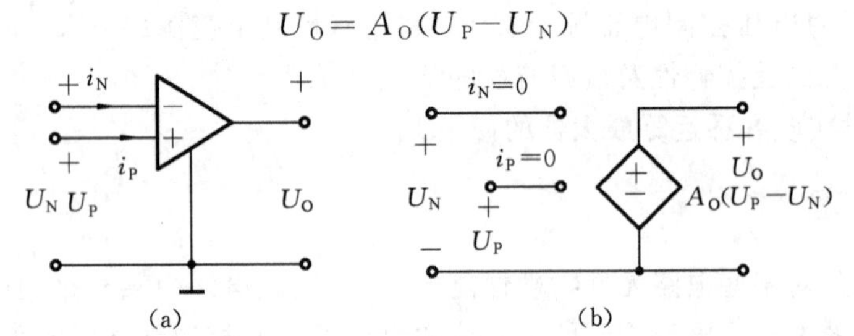

图 4-1-2　运放的等效模型

式中:A_O为运算放大器的开环放大倍数。理想情况下 A_O和输入电阻 R_i为无穷大,因此有

$$U_P = U_N,\quad i_P = i_N = 0$$

上述式子表明:

a. 运算放大器"+"端与"－"端可以认为是等电位,通常称为"虚短路";

b. 运算放大器的输入端电流等于零。

此外,理想运算放大器的输出电阻很小,可以认为是零。这些重要性质是简化分析含有运算放大器网络的依据。

除了两个输入端、一个输出端和一个参考接地端以外,运算放大器还有正、负两个电源输入端。运算放大器是有源器件,其工作特性是在接有正、负电源的条件下才具有的。

为保证运算放大器输入信号为零时,输出信号为零,运算放大器外面接有调零电位器。

在运算放大器的外部接入不同的电路元件,可以实现对信号的模拟运算或模拟变换,因此应用十分广泛。本实验将由运算放大器组成两种受控源电路,通过实验电路研究受控源的受控特性和负载特性。

② 图 4-1-3(a)所示电路是一个由运算放大器构成的电压控制电压源(VCVS)。由于运算放大器的同向输入端"+"和反向输入端"－"为"虚短路",所以有 $U_1 = I_1R_1$。因放大器输入阻抗可认为无限大,$i_P = i_N = 0$,故有 $I_1 = I_2$,即

$$U_2 = -I_2R_2 = -I_1R_2 = -\frac{R_2}{R_1}U_1$$

这说明运算放大器的输出电压 U_2 受输入电压 U_1 的控制，它的电路模型如图 4-1-3(b)所示。其电压比为

$$\mu = U_2/U_1 = -R_2/R_1$$

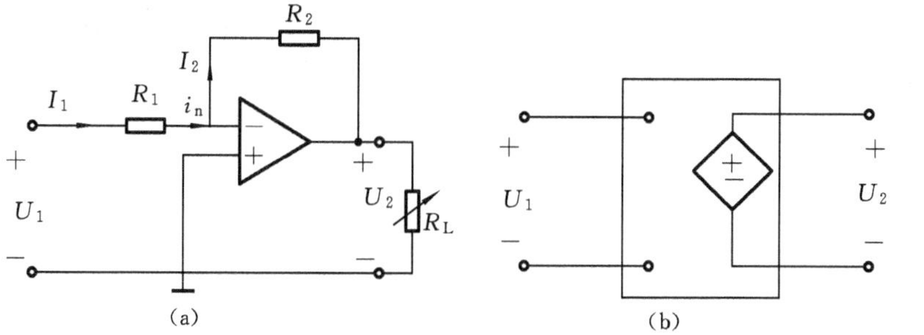

图 4-1-3　运放组成的电压控制电压源

μ 无量纲，称为电压放大倍数。

③ 图 4-1-4(a)为一个由运算放大器组成的电压控制电流源。由图可见：

$$I_2 = I_1 = \frac{U_1}{R_1} = g_mU_1$$

上式说明负载电流 I_2 受输入电压 U_1 的控制，其大小与负载电阻 R_1 无关。这说明此电路的特性是一个电压控制电流源。图 4-1-4(b)是它的电路模型，其比例系数

$$g_m = \frac{I_1}{U_1} = \frac{1}{R_1}$$

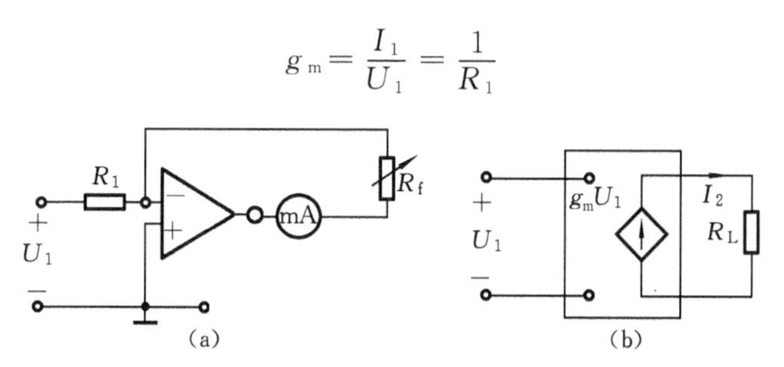

图 4-1-4　运放组成的电压控制电流源

g_m 具有电导的量纲，称为转移电导。

三、设计要求

① 利用运放电路设计一个电压控制电压源(VCVS)，并验证它的受控特性和负载特性。

要求：利用运算放大器有源器件，采用正、负 15 V 电源，使运算放大器正常工

作。注意运算放大器调零。

② 利用运放电路设计一个电压控制电流源(VCCS),并验证它的受控特性和负载特性。

四、注意事项

实验电路在确认无误之后,再接通运算放大器的供电电源。在改变运算放大器外部电路元件时,应事先断开供电电源。

实验二　RLC 串联谐振电路的研究

一、实验目的

① 通过设计谐振电路，了解谐振电路的特性，加深对其理论知识的理解；

② 掌握通过实验取得 f_0、Q、Δf 及谐振曲线的方法。

二、实验原理

① 由电感和电容元件串联组成的一端口网络如图 4-2-1 所示。该网络的等效阻抗为

$$Z = R + \mathrm{j}(\omega L - 1/\omega C)$$

是电源频率的函数。当该网络发生谐振时，其端口电压与电流同相位，即

$$\omega L - 1/\omega C = 0$$

得到谐振角频率

$$\omega_0 = 1/\sqrt{LC}$$

定义谐振时的感抗 ωL 或容抗 $1/\omega C$ 为特性阻抗 ρ，特性阻抗 ρ 与电阻 R 的比值为品质因数 Q，即

$$Q = \frac{\rho}{R} = \frac{\omega L}{R} = \frac{\sqrt{L/C}}{R}$$

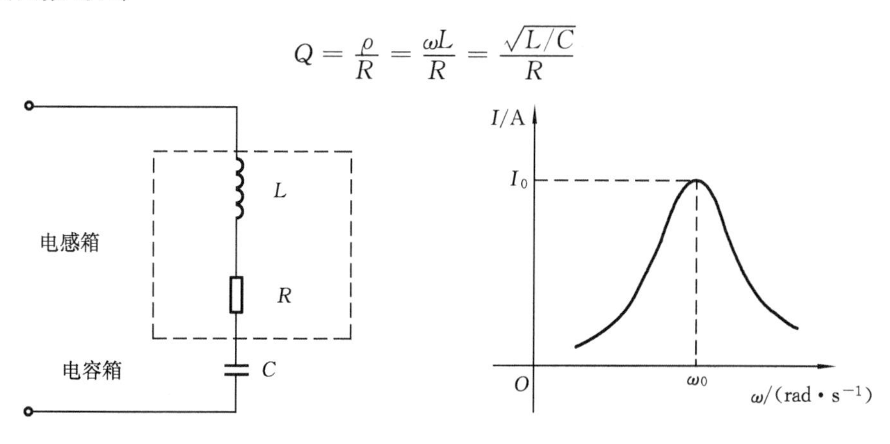

图 4-2-1　RLC 串联电路　　图 4-2-2　串联谐振电路的电流

② 谐振时，电路的阻抗最小。当端口电压 U 一定时，电路的电流达到最大值，如图 4-2-2 所示，该值的大小仅与电阻的阻值有关，与电感和电容的值无关；谐振时电感电压与电容电压有效值相等，相位相反。电抗电压为零，电阻电压等于总电

压，电感或电容电压是总电压的 Q 倍，即

$$U_{\mathrm{R}}=U_{\mathrm{S}}$$

$$U_{\mathrm{L}}=U_{\mathrm{C}}=QU_{\mathrm{S}}$$

③ RLC 串联电路的电流是电源频率的函数，即

$$I(\omega)=\frac{U}{|Z(\mathrm{j}\omega)|}=\frac{U}{\sqrt{R^2+(\omega L+1/\omega C)^2}}$$

$$=\frac{U/R}{\sqrt{1+Q^2(\omega/\omega_0-\omega_0/\omega)^2}}=\frac{I}{\sqrt{1+Q^2(\omega/\omega_0-\omega_0/\omega)^2}}$$

在电路的 L、C 和信号源电压 U_{S} 不变的情况下，不同的 R 值得到不同的 Q 值。对应不同 Q 值的电流幅频特性曲线如图 4-2-3(a)所示。为了研究电路参数对谐振特性的影响，通常采用通用谐振曲线。对上式两边同除以 I_0 做归一化处理，得到通用频率特性为

$$\frac{I}{I_0}=\frac{1}{\sqrt{1+Q^2(\omega/\omega_0-\omega_0/\omega)^2}}$$

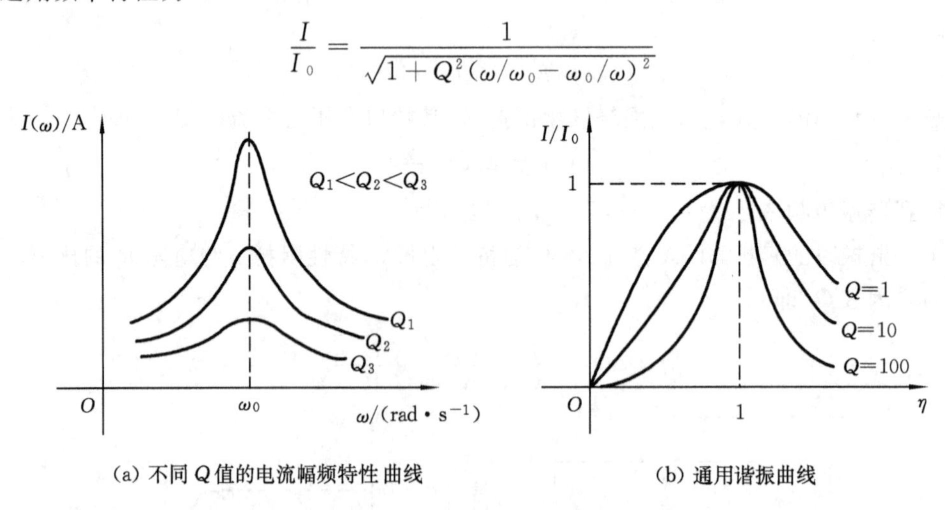

(a) 不同 Q 值的电流幅频特性曲线　　(b) 通用谐振曲线

图 4-2-3　RLC 串联谐振电路的特性曲线

与此对应的曲线称为通用谐振曲线。该曲线的形状只与 Q 值有关。Q 值相同的任何 R、L、C 串联谐振电路只有一条曲线与之对应。图 4-2-3(b)绘出了对应不同 Q 值的通用谐振曲线。

通用谐振曲线的形状越尖锐，表明电路的选频性能越好。定义通用谐振曲线幅值下降至峰值的 0.707 倍时对应的频率为截止频率 f_{C}。幅值大于峰值的 0.707 倍所对应的频率范围称为通带宽。理论推导可得

$$\Delta f=f_{\mathrm{C2}}-f_{\mathrm{C1}}=f_0/Q$$

由上式可知，通带宽与品质因数成反比。

三、设计要求

设计 $f_0=1\ 000\ \mathrm{Hz}$，$L=0.4\ \mathrm{H}$，调节电容 C 值，使电路谐振。自拟表格测定 I-C 谐振曲线。计算品质因数 Q 值。

实验三　比例、求和运算电路实验

一、实验目的

掌握比例、求和电路的设计方法。通过实验，了解影响比例、求和运算精度的因素，进一步熟悉电路的特点和功能。

二、设计题目

① 设计一个由两个集成运算放大器组成的交流放大器。设计要求如下：

输入阻抗　　　　10 kΩ

电压增益　　　　10^3倍

频率响应　　　　20～100 Hz

最大不失真电压　10 V

② 设计一个能实现下列运算关系的电路：

$$U_o = 10U_{11} - 5U_{12}$$

$$U_{11} = U_{12} = 0.1 \sim 1\ \text{V}$$

三、实验内容及要求

(1) 交流放大电路

① 根据设计题目要求选定电路，确定集成运算放大器型号，并进行参数设计。

② 按照设计方案组装电路。

③ 测量放大器的输入阻抗、电压增益、上限频率、下限频率和最大不失真输出电压值。如果测量值不满足设计要求，要进行相应的调整，直到达到设计要求为止。

④ 写出设计总结报告。

(2) 数学运算电路

① 同数学运算电路①要求。

② 同数学运算电路②要求。

③ 在设计题目所给输入信号范围内，任选几组信号输入，测出相应的输出电压U_o，并将U_o的实测值与理论计算值作比较，计算误差。

④ 研究运算放大器非理想特性对运算精度的影响。在其他参数不变的情况

下，换用开环增益较高的集成运算放大器，重复内容③，试比较运算误差，得出正确结论。

⑤ 写出设计总结报告。

实验四　方波和三角波发生器

一、实验目的

通过积分运算电路设计性实验，学会简单积分电路的设计及调试方法，了解引起积分器运算误差的因素，初步掌握减小误差的方法。

二、设计题目

设计一个方波和三角波发生器。设计要求如下。

① 输出为方波和三角波两种波形。

② 输出信号的幅值设计为 0～1 V 可调。

③ 输出信号的频率为 100 Hz～1 kHz。

④ 可用波段开关扩大电压与频率的调节范围。

三、实验内容及要求

① 根据要求选择总体方案，画出设计框图。

② 根据设计框图进行单元电路设计。

③ 画出总体电路原理图。

④ 组装调试所设计的电路，使其正常工作。

⑤ 测量方波的幅值和频率，测量三角波的频率、幅值及调节范围，检验电路是否满足设计指标。在调整三角波幅值时，注意波形有什么变化，并简单说明变化的原因。

⑥ 用双踪示波器观察并测绘方波和三角波波形。

实验五　有源滤波电路设计性实验

一、实验目的

通过实验，学习有源滤波器的设计方法，体会调试方法在电路设计中的重要性，了解品质因数 Q 对滤波器特性的影响。

二、设计题目

① 设计一个有源二阶低通滤波器，已知条件和设计要求如下：

截止频率　$f_H=5\ \text{Hz}$

通带增益　$A_{up}=1$

品质因数　$Q=0.707$

② 设计一个有源二阶高通滤波器，已知条件和设计要求如下：

截止频率　$f_H=100\ \text{Hz}$

通带增益　$A_{up}=10$

品质因数　$Q=0.707$

三、实验内容及要求

① 写出设计报告，包括设计原理、设计电路及选择电路元件参数。

② 组装和调试设计的电路，检验该电路是否满足设计指标。若不满足，改变电路参数值，使其满足设计题目要求。

③ 测量电路的幅频特性曲线，研究品质因数对滤波器频率特性的影响。（提示：改变电路参数，使品质因数变化，重复测量电路的频率特性曲线，进行比较得出结论。）

④ 写出实验总结报告。

实验六　功率放大电路设计性实验

一、实验目的

通过设计性实验，掌握集成功率放大器外围电路元件参数的选择和集成功率放大器的应用方法。熟悉电路的调整和指标测试，为今后应用集成功率放大器打下良好的基础。

二、设计题目

设计一个集成功率放大器，设计要求如下：

负载电阻	$R_L = 8\ \Omega$
最大不失真输出功率	$P_{om} \geqslant 500\ \mathrm{mW}$
低频截止频率	$f_L \leqslant 80\ \mathrm{Hz}$

三、实验内容及要求

① 写出设计报告。

② 验证设计指标，若测得 P_{om} 和 f_L 不满足设计要求，需重新设计，直到满足设计要求为止。

③ 研究自举电容的作用。

实验七　直流稳压电源设计性实验

一、实验目的

通过该实验项目，使学生独立完成小功率稳压电源的设计运算、器件选择、安装调试及指示测试。进一步加深对稳压电路工作原理、性能指标实际意义的理解，达到提高工程实践能力的目的。

二、设计题目

① 设计制作一个小型晶体管收音机用的稳压电源。主要技术指标如下：

输入交流电压	220 V，$f = 50$ Hz
输出直流电压	$U_0 = 4.5 \sim 6$ V
输出电流	$I_{omax} \leqslant 20$ mA
输出纹波电压	$u \leqslant 100$ mV

② 设计一个稳定电路，设计要求如下：

输出电压	$U_0 = 12 \sim 15$ V
输出电流	$I_{omax} \leqslant 300$ mA
输出保护电流	$400 \sim 500$ mA
输入电压	220 V，$f = 50$ Hz
输出电阻	$R_0 < 0.1\ \Omega$
稳压系数	$S_0 \leqslant 0.01$

三、实验内容及要求

① 按题目要求设计电路，画出电路图。提出电路中元器件的型号、标称值和额定值。

② 组装、调试设计电路，拟定实验步骤，测试设计指标。若测试结果不满足设计指标，需重新调整电路参数，使之达到设计指标要求。

③ 写出设计、安装、调试、测试指示全过程的设计报告。

④ 总结完成该实验题目的体会。

附录一　集成电路型号命名规则

一、我国 TTL 集成电路型号命名规则及部分国际各主要公司 TTL 集成电路型号命名规则

1. 我国 TTL 集成电路型号命名规则

1997 年以后，我国生产的 TTL 集成电路型号与国际 54/74 系列 TTL 电路系列完全一致，并采用了统一型号，即 CT0000 系列。

例：

$$\underset{①}{\underline{\text{CT}}}\quad\underset{②}{\underline{4}}\quad\underset{③}{\underline{020}}\quad\underset{④}{\underline{\text{C}}}\quad\underset{⑤}{\underline{\text{J}}}$$

说明如下。

① 表示中国 TTL 集成电路标识。

② 表示系列品种代号，其中：

1 为标准系列，同国际 54/74 系列；

2 为调整系列，同国际 54/74 系列；

3 为肖特基系列，同国际 54S/74S 系列；

4 为低功耗肖特基系列，同国际 54S/74S 系列。

③ 表示品种代号，同国际一致。

④ 表示工作温度范围。

C：0～＋70 ℃，同国际 74 系列电路的工作温度范围

M：－55～＋125 ℃，同国际 54 系列电路的工作温度范围

⑤表示封装形式。

B：塑料扁平

D：陶瓷双列直插

F：全密封扁平

J：黑陶瓷双列直插

P：塑料双列直插

W：陶瓷扁平

2. 部分国际公司 TTL 集成电路型号命名规则

(1) (美国)德克萨斯公司(TEXAS)

例：

SN	74	LS	74	J
①	②	③	④	⑤

说明如下。

① 表示德克萨斯公司标准电路。

② 表示工作温度范围。

③ 54 系列为－55～＋125 ℃,74 系列为 0～＋70 ℃。

④ 表示系列。

ALS:先进的低功耗肖特基系列

AS:先进的肖特基系列

＜空白＞:标准系列

H:调整系列

L:低功耗系列

LS:低功耗肖特基系列

S:肖特基系列

⑤ 表示品种代号。

⑥ 表示封装形式。

J:陶瓷双列直插

N:塑料双列直插

T:金属扁平

W:陶瓷扁平

(2) (美国)摩托罗拉公司(MOTOROLA)

例:

MC	74	194	P
①	②	③	④

说明如下。

① 表示摩托罗拉公司封装的集成电路。

② 表示工作温度范围。

4,20,30,40,72,74,83:0 ℃～＋75 ℃

5,21,31,43,82,54,93:－55 ℃～＋125 ℃

③ 表示品种代号。

④ 表示封装形式。

F:陶瓷扁平

L:陶瓷双列直插

P:塑料双列直插

(注:LS—TTL 的型号同德克萨斯公司一致,如:SN74LS194J)

(3) (美国)半导体公司单片数字电路(NATIONL SEMICONDUCTOR)

例：

DM	74	LS	161	N
①	②	③	④	⑤

说明如下。

① 表示国家半导体公司单片数字电路。

② 表示工作温度范围。

74,80,81,82,85,87,88:0 ℃～+70 ℃

54,70,71,72,75,77,78,93,96:−55 ℃～+125 ℃

③ 表示系列。

＜空白＞:标准系列

H:高速系列

L:低功耗系列

LS:低功耗肖特基系列

S:肖特基系列

④ 表示品种代号。

⑤ 表示封装形式。

D:玻璃—金属双列直插

F:玻璃—金属扁平

J:低温陶瓷双列直插

N:塑料双列直插

W:低温陶瓷扁平

(4) (日本)日立公司(HITACHI)

例：

HD	74	LS	191	P
①	②	③	④	⑤

说明如下。

① 表示日立公司数字集成电路。

② 表示工作温度范围。

74:−20 ℃～+75 ℃

③ 表示系列。

＜空白＞:标准系列

LS:低功耗肖特基系列

S:肖特基系列

④ 表示品种代号。

⑤ 表示封装形式。

<空白>:玻璃—陶瓷双列直插

P:塑料双列直插

附录二　部分 TTL 集成电路管脚排列图

（1）逻辑门

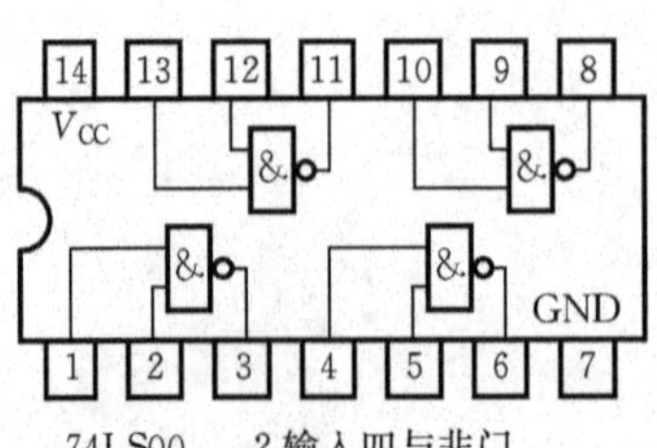

74LS00　2 输入四与非门

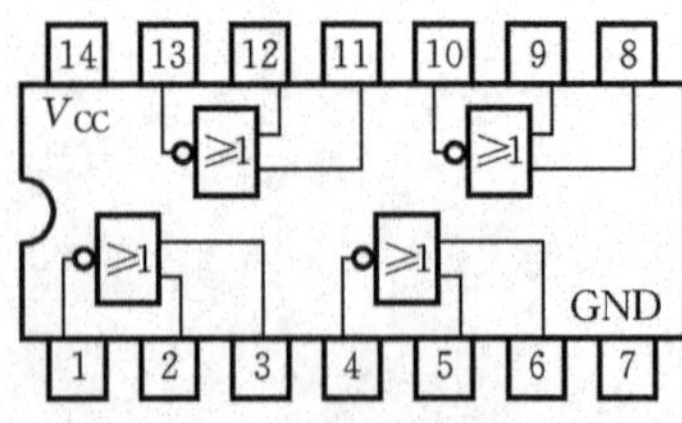

74LS02　2 输入四与非门

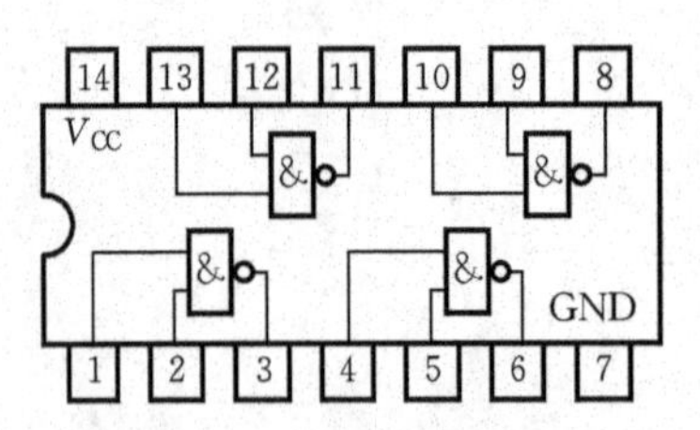

74LS03　2 输入四与非门(OC)

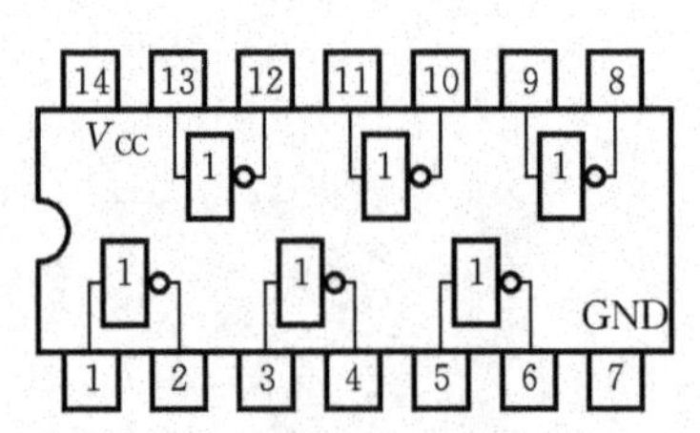

7404LS04 六反相器

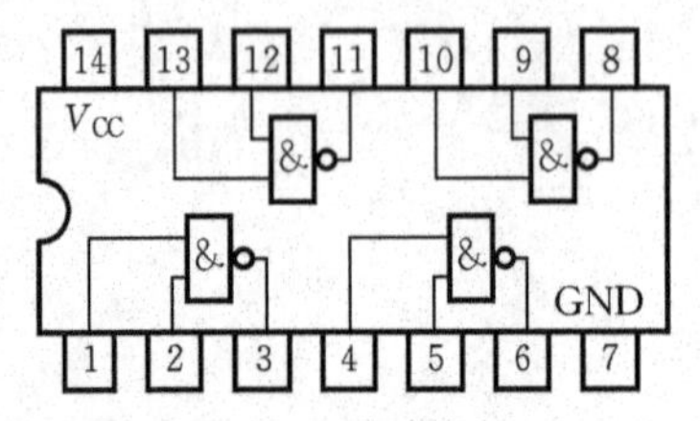

74LS08　2 输入四与门

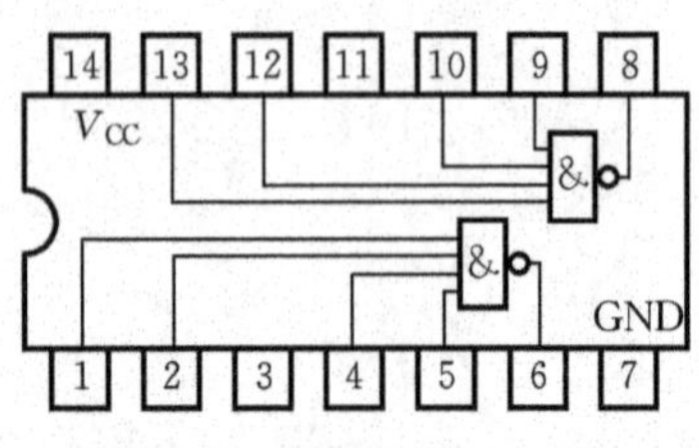

74LS20　4 输入四与非门

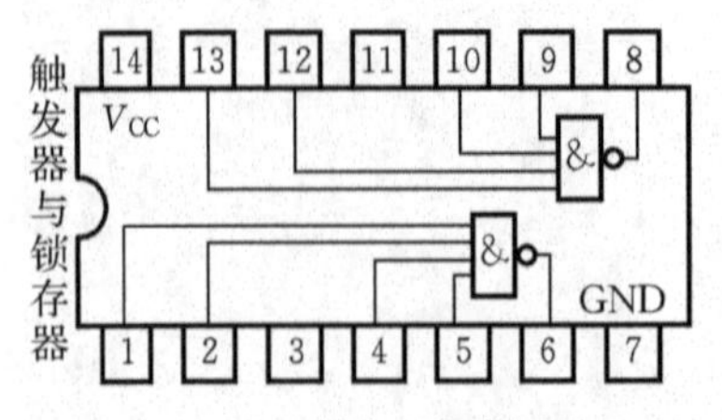

74LS22　4 输入四与非门(OC)

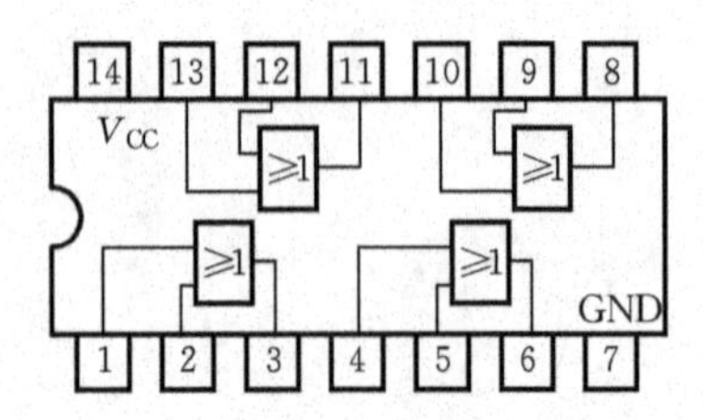

74LS32　2 输入四与门

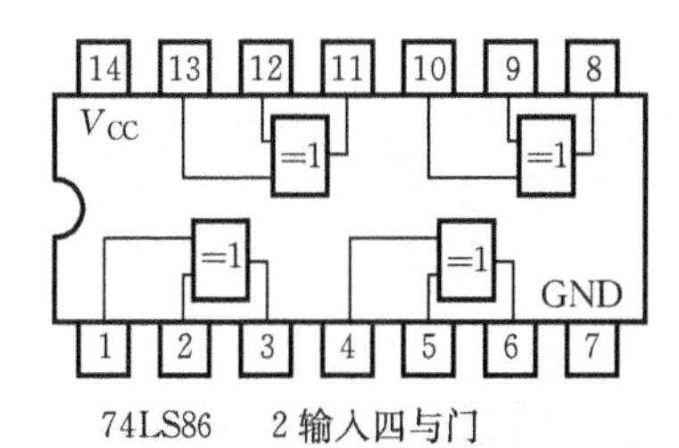

74LS86　2 输入四与门

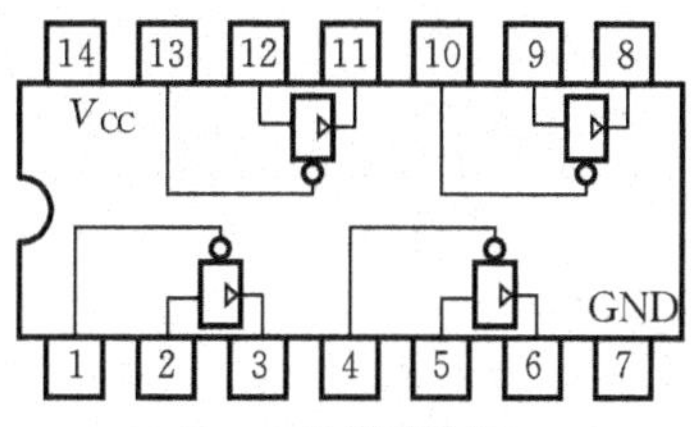

74LS125 4 总线缓冲门

（2）触发器与锁存器

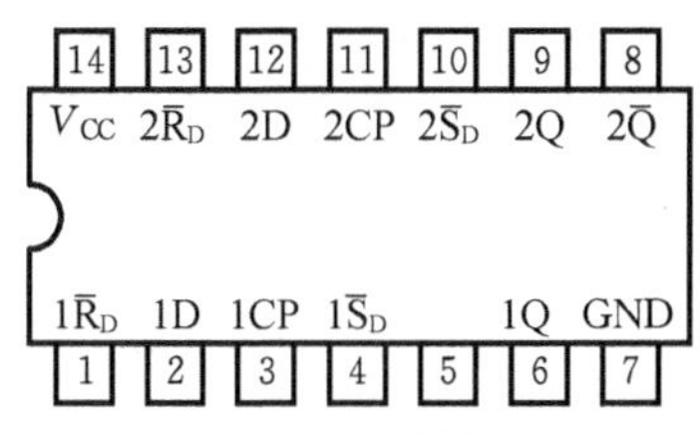

74LS74　双 D 触发器

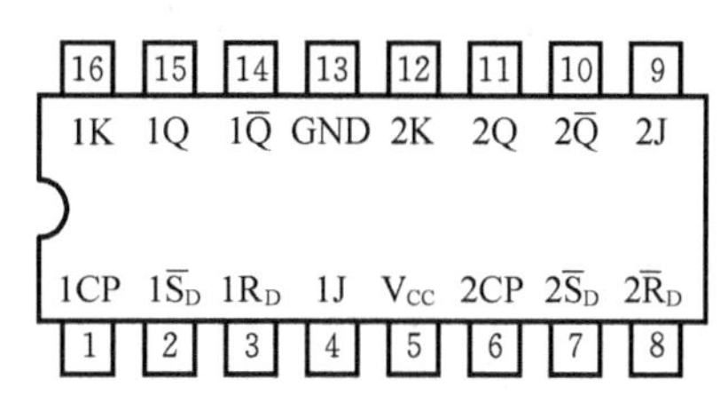

74LS76　双 J-K 触发器

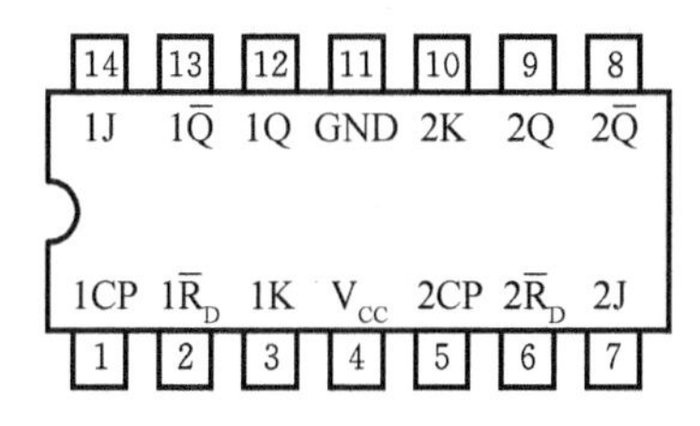

74LS73　双 J-K 触发器

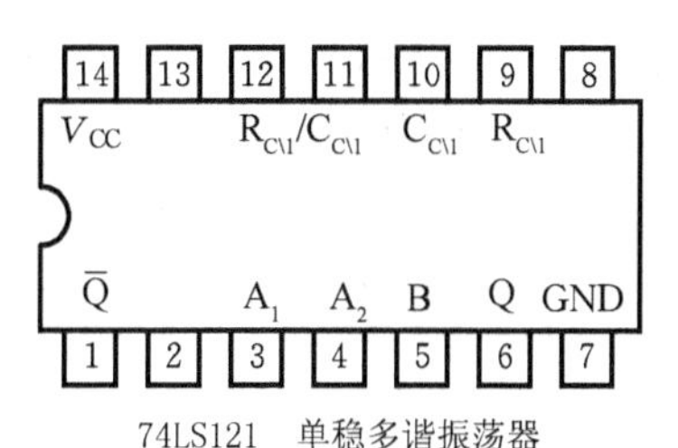

74LS121　单稳多谐振荡器

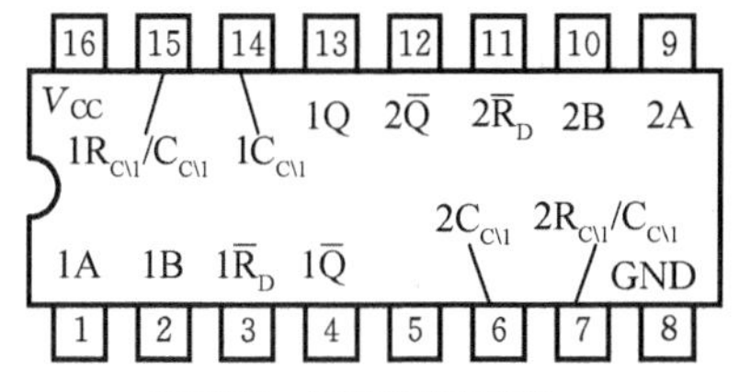

74LS123　可重触发双单稳

多谐振荡器

16 15 14 13 12 11 10 9

V_{CC} 4Q 4Q 4D 3D 2Q 3Q CP

CLR 1Q $1\overline{Q}$ 1D 2D $2\overline{Q}$ 2Q GND

1 2 3 4 5 6 7 8

74LS175　84D 触发器

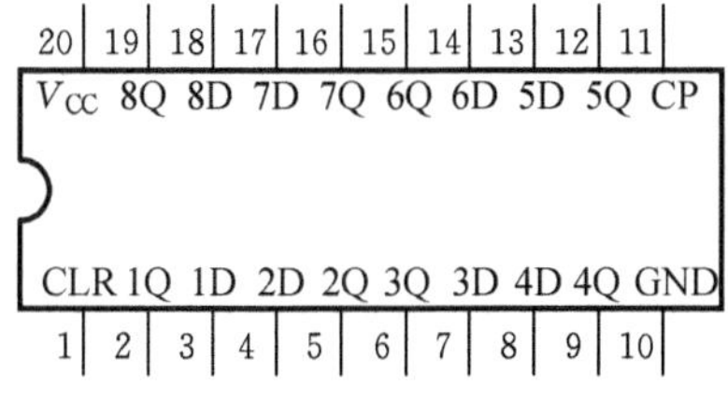

74JLS273　8D 触发器

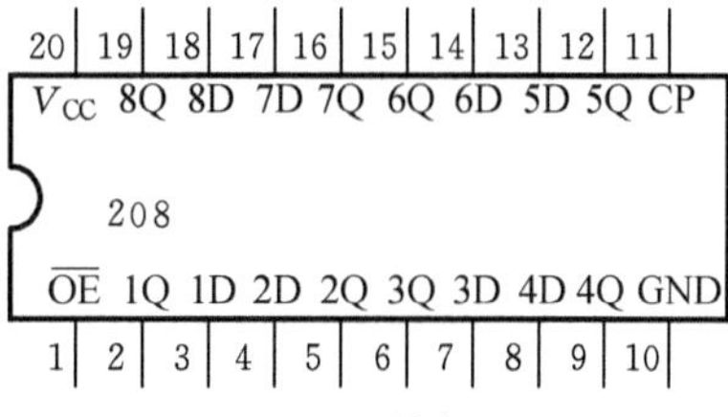

74LS373　8D 锁存器

(3) 计数器、译码器、数据选择器

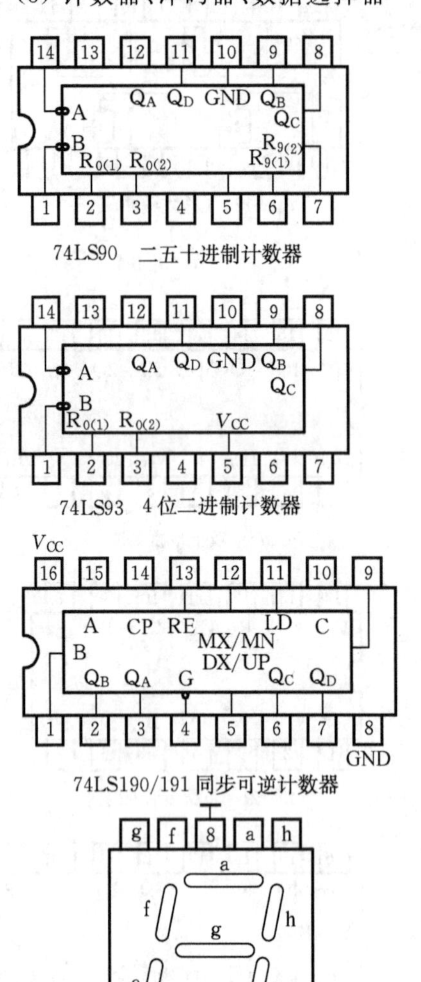

74LS90 二五十进制计数器

74LS93 4位二进制计数器

74LS190/191 同步可逆计数器

BS202 数码显示器

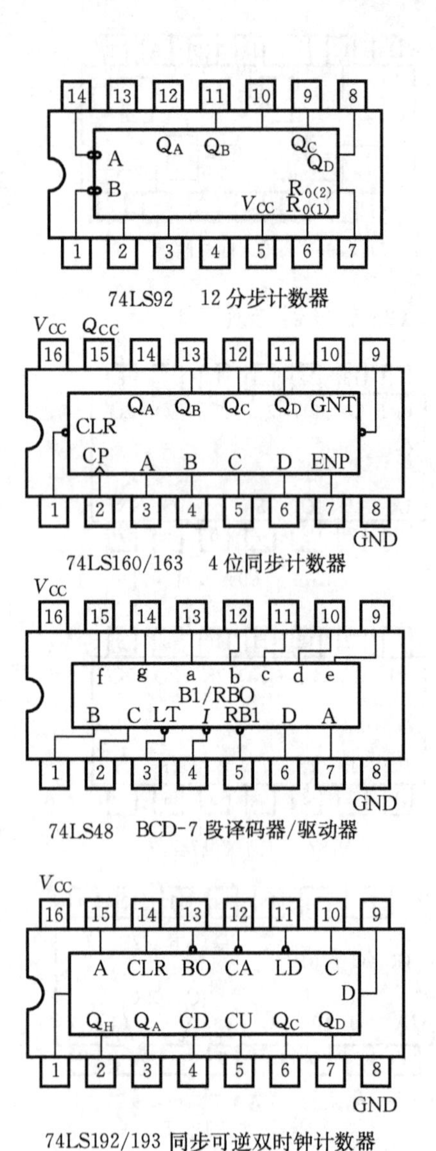

74LS92 12分步计数器

74LS160/163 4位同步计数器

74LS48 BCD-7段译码器/驱动器

74LS192/193 同步可逆双时钟计数器

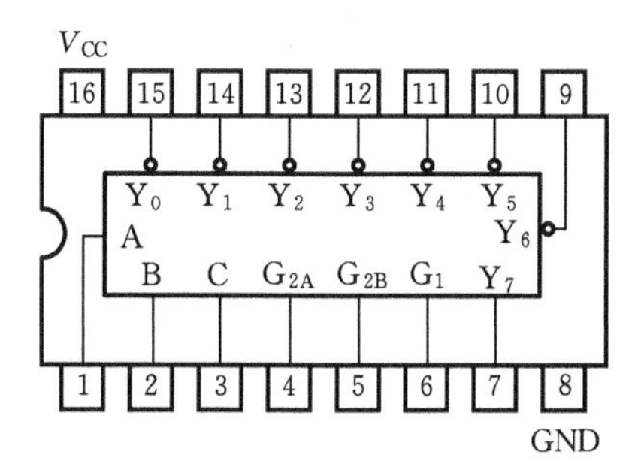

74LS138 3—8 线译码器

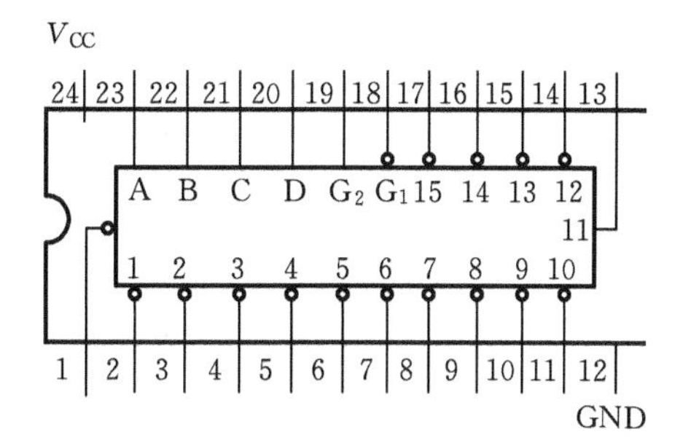

74LS154 4—16 线译码器

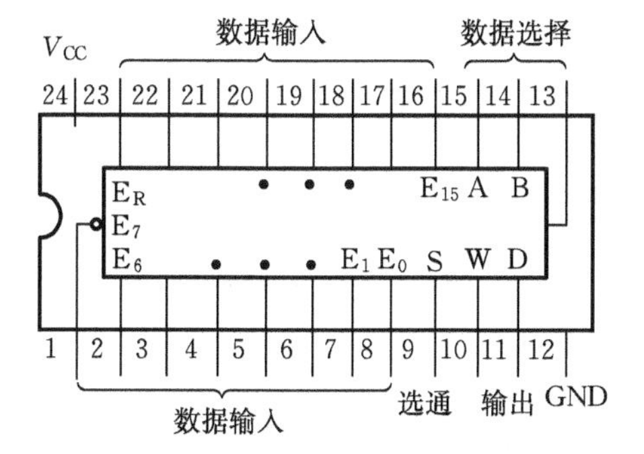

74LS150 16 选 1 数据选择器

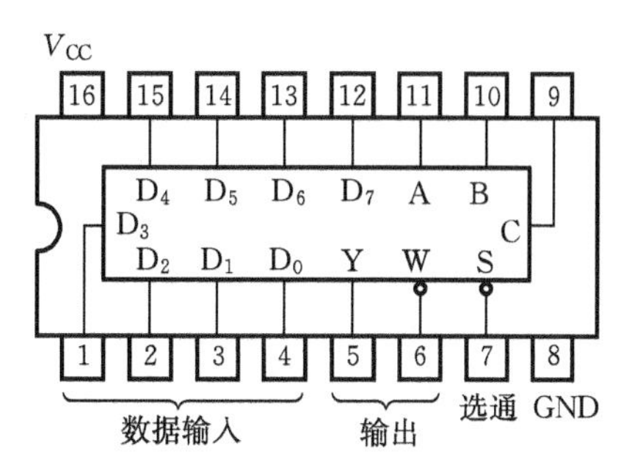

74LS151 8 选 1 数据选择器

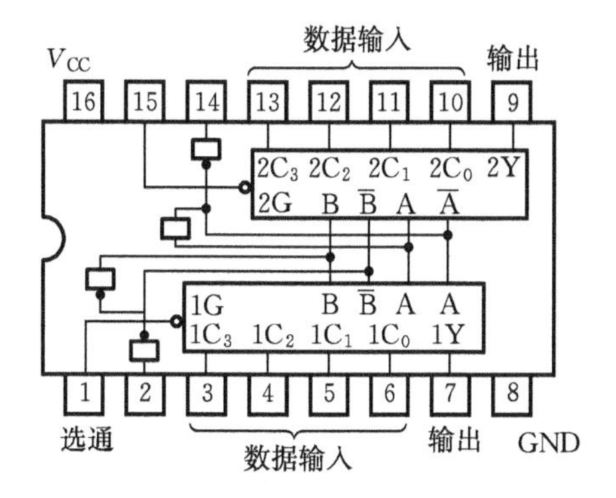

74LS153 双 4 选 1 数据选择器

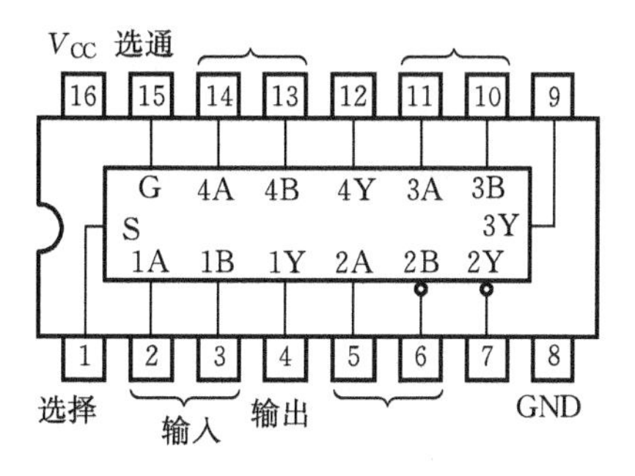

74LS157 4 位 2 选 1 数据选择器

附录三　组 件 介 绍

74 系列数字集成电路型号与名称。

附表 3-1　74 系列型号与名称

型　　号	名　　称
74LS00	二输入四与非门
74LS01	二输入四与非门　(0.C)
74LS02	二输入四与非门
74LS03	二输入四与非门　(0.C)
74LS04	六反相器
74LS05	六反相器　(0.C)
74LS08	二输入四与非门
74LS09	二输入四与非门　(0.C)
74LS10	三输入三与非门
74LS11	三输入三与门
74LS12	三输入三与非门　(0.C)
74LS15	三输入三与门　(0.C)
74LS20	四输入二与非门
74LS21	四输入二与门
74LS22	四输入二与非门　(0.C)
74LS26	二输入四与非缓冲器
74LS27	三输入三或非门
74LS28	二输入四与非缓冲器
74LS30	八输入四与非门
74LS32	二输入四与门
74LS37	二输入四与非缓冲器
74LS38	二输入四与非缓冲器　(0.C)
74LS40	四输入二与非缓冲器

续表

型　　号	名　　称
74LS42	BCD-十进制译码器
74LS47	BCD-七段译码器/驱动器　(0.C)
74LS48	BCD-七段译码器/驱动器
74LS49	BCD-七段译码器/驱动器　(0.C)
74LS51	2-2-3-3 输入双与或非门
74LS54	2-2-3-3 输入双与或非门
74LS55	四输入二或非门
74LS63	六电流读出接口门
74LS73	双 J-K 触发器
74LS74	双 D 触发器
74LS75	四位双稳态 D 锁存器
74LS76	双 J-K 触发器
74LS83A	四位二进制全加器
74LS85	四位大小比较门
74LS86	二输入四异或门
74LS89	16 * 4 读/写存储器
74LS90	十进制计数器
74LS91	八位移位寄存器
74LS93	四位二进制计数器
74LS95B	四位移位寄存器(并入,并出)
74LS109	双 J-K 触发器
74LS112	双 J-K 负沿触发器
74LS122	单稳多谐振荡器
74LS123	双单稳多谐振荡器
74LS125	四总线缓冲器(三态“低”有效)
74LS126	四总线缓冲器(三态“高”有效)
74LS132	二输入四与非施密特触发器
74LS133	十三输入与非门

续表

型　号	名　称
74LS8136	四异或门
74LS138	3 线-8 线译码器/解调器　(0.C)
74LS139	双 2 线-4 线译码器
74LS145	BCD-十进制数译码/驱动器
74LS148	8 线-3 线优先编码器
74LS151	8 选 1 数据选择器
74LS153	双 4 线 1 数据选择器
74LS155	双 2 线-4 线译码器/解调器
74LS157	4 线-1 线数据选择器(非反相)
74LS158	4 线-1 线数据选择器(反相)
74LS160A	四位十进制计数器(直接清零)
74LS161A	四位二进制计数器(直接清零)
74LS162A	四位十进制计数器(同步清零)
74LS163A	四位二进制计数器(同步清零)
74LS164	八位串入、并出移位寄存器
74LS8165	八位串入、串出移位寄存器
74LS170	4 * 4 寄存器堆　(0.C)
74LS173	四位 D 型寄存器(三态)
74LS174	六 D 触发器(单向输出)
74LS175	四 D 触发器(互补输出)
74LS178	四位并入、并出移位寄存器
74LS180	八位奇偶发生器
74LS181	四位算术逻辑运算器
74LS182	超前进位发生器
74LS183	双进位保存全加器
74LS186	异步 BCD 计数器
74LS187	高速四位二进制计数器
74LS190	同步加/减 BCD 计数器

续表

型　　号	名　　称
74LS192	同步加/减 BCD 计数器(双时钟)
74LS193	同步二进制可逆计数器(双时钟)
74LS8194A	四位双向通用移位寄存器
74LS195A	四位并行存取移位寄存器
74LS221	双单稳多谐振荡器
74LS224	八缓冲/驱动/接收器(三态)
74LS245	八总线收发器(非反相,三态)
74LS1247	BCD-七段译码/驱动器　(0.C)
74LS251	八输入数据选择器
74LS257	四数据选择器
74LS360	五输入双或非门
74LS373	八 D 触发器(单向输出)
74LS280	九位奇偶发生器
74LS283	四位二进制全加器
74LS285B	四位双向通段位寄存器
74LS299	八位双向移位寄存器(三态)
74LS323	八位双向移位寄存器
74LS367	六联三态门总线驱动器
74LS368	六总线驱动器
74LS386	二输入四异或门

附表 3-2　74 系列型号、部标及名称

74 系列	部　标	名　　称
74LS141	T332	4 线～10 线译码器
74LS147	T340	七段译码器(射随)
74LS170	T460	4 * 4 寄存器堆
74LS283	T702	2 * 4 乘法器
74LS281	T701	九位奇偶校验器

续表

74系列	部　标	名　　称
74LS182	T693	超前进位发生器
74LS153	T574	双四选一(正码)数据选择器
74LS151	T570	八选一(正反码)数据选择器
74LS150	T578	十六选一数据选择器

参 考 文 献

[1] 阎石. 数字电子技术基础(第4版)[M]. 北京:高等教育出版社,1998.

[2] 吕思忠,施齐云. 数字电路实验与课程设计[M]. 哈尔滨:哈尔滨工程大学出版社.

[3] DLBS系列数字逻辑实验仪,实验指导书[M]. 常熟:常熟市数字技术设备厂.

[4] 数字电路实验指导书(WL－D型多功能电子技术学习机配套课纲)[M].

[5] 童诗白. 模拟电子技术基础[M]. 北京:高等教育出版社,2005.

[6] 康华光. 电子技术基础(模拟部分)[M]. 北京:高等教育出版社,2006.

[7] 毕满清. 电子技术实验与课程设计[M]. 北京:机械工业出版社,2005.

[8] 谢自美. 电子线路设计·实验·测试(第2版)[M]. 武汉:华中科技大学出版社,2000.

[9] 陈大钦. 电子技术基础实验——电子电路实验·设计·仿真[M]. 北京:高等教育出版社,2000.

[10] 秦曾煌. 电工学(第5版)[M]. 北京:高等教育出版社,2000.

[11] 徐小冰. 电工与电子技术实验[M]. 北京:机械工业出版社,2003.

[12] 罗会昌,高国琴. 电子技术(电工学)[M]. 北京:机械工业出版社,1999.

图书在版编目(CIP)数据

电工与电子实训教程/殷志坚,王丽华,彭健飞主编.—武汉:华中科技大学出版社,2007年9月 (2021.7 重印)
ISBN 978-7-5609-4168-4

Ⅰ.①电… Ⅱ.①殷… ②王… ③彭… Ⅲ.①电工技术-实验-高等学校-教材②电子技术-实验-高等学校-教材 Ⅳ.①TM-33 TN-33

中国版本图书馆 CIP 数据核字(2007)第 133623 号

电工与电子实训教程 殷志坚 王丽华 彭健飞 主编

责任编辑:曾 光 朱 琳 封面设计:刘 卉
责任校对:张 梁 责任监印:徐 露

出版发行:华中科技大学出版社(中国·武汉) 电话:(027)81321913
武汉市东湖新技术开发区华工科技园 邮编:430223

录 排:华中科技大学惠友文印中心
印 刷:广东虎彩云印刷有限公司

开本:787mm×960mm 1/16 印张:14.25 字数:256 000
版次:2007年9月第1版 印次:2021年7月第14次印刷 定价:35.00元
ISBN 978-7-5609-4168-4/TM·93